红松种质资源评价与利用研究

张含国　张　振　著

科　学　出　版　社

北　京

内 容 简 介

本书以红松无性系种子园及子代测定林为研究对象，开展了红松生长与经济性状的遗传变异规律及多性状选择研究，为科学制定以材用与果用为培育目标的遗传改良评价策略、育种亲本的选择、新种质的创制及育种园营建提供了依据；为不同育种区选育和审（认）定了一批优质果、材品种（系）；加强了红松的转录组学与分子标记辅助选择育种技术的研究，揭示了红松内在的遗传规律，以及生长发育过程中重要基因的表达，以期为红松高世代精准化育种提供理论参考，从而加速红松果、材林的育种进程。

本书可作为林学相关专业的教学指导及研究生的学习资料，也可供具有林木遗传育种专业背景的林业工作者参考使用。

图书在版编目（CIP）数据

红松种质资源评价与利用研究/张含国，张振著. —北京：科学出版社，2018.6

ISBN 978-7-03-057798-6

Ⅰ. ①红… Ⅱ. ①张… ②张… Ⅲ. ①红松-种质资源-评价-研究 Ⅳ. ①S791.247

中国版本图书馆 CIP 数据核字（2018）第 126237 号

责任编辑：张会格　赵小林/责任校对：樊雅琼

责任印制：张　伟/封面设计：刘新新

科学出版社 出版

北京东黄城根北街 16 号

邮政编码：100717

http://www.sciencep.com

北京虎彩文化传播有限公司 印刷

科学出版社发行　各地新华书店经销

*

2018 年 6 月第　一　版　　开本：720 × 1000　B5

2018 年 6 月第一次印刷　　印张：8 3/8

字数：168 000

定价：98.00 元

（如有印装质量问题，我社负责调换）

作 者 简 介

张含国，男，1962年生，博士，东北林业大学林学院教授，博士研究生导师，中国林学会树木引种驯化专业委员会副主任委员，全国落叶松良种基地技术协作组副组长。以针阔叶树种遗传多样性、杂交育种、种子园经营管理、木材品质改良、基因资源收集保存及利用等为主要研究方向。先后主持参与国家科技支撑（攻关）计划、国家863计划课题、国家自然科学基金、科技部基础性工作专项等国家级、省部级课题20余项，获国家科技进步奖二等奖1项、省科技进步奖一等奖1项、省科技进步奖二等奖3项，获国家审（认）定良种4个、省良种6个，以第一作者或通讯作者发表学术论文80余篇。获"全国生态建设突出贡献奖——林木种苗先进工作者"荣誉称号，是"黑龙江省青年科技奖""黑龙江省优秀科技工作者"获得者。

张振，男，1986年生，博士，中国林业科学研究院亚热带林业研究所助理研究员，用材树种研究方向专家助理。主要研究方向是林木遗传育种与森林培育，从事落叶松、红松、马尾松等主要速生用材和珍贵树种的新品种选育与培育技术研究等。主持国家自然科学基金青年科学基金项目、中央级博士生自主创新项目，参加国家重点研发计划项目、浙江省"十三五"农业新品种选育等国家级和省部级项目。发表SCI论文3篇，在国内核心期刊上发表论文10余篇，参与制定省级地方标准1项，参与选育红松等林木良种5个。

序

“树姿挺拔伟岸，傲立于风雪之中”用于形容红松最为合适。红松是我国古老的松树树种之一，至少在第三纪的中新世就存在于东亚，距今约2500万年。作为我国重要的珍贵用材树种之一，红松不仅是我国东北地区森林群落的优势建群树种之一，还是东北生态保育区的优势造林树种之一。其功能多种、效用多样。红松较其他树种成材周期长，为常绿大乔木，能耐-50℃的严寒天气。漫长的生长期造就了红松的优良材质及营养物质储藏，其树干通直、树形圆满、材质优良、纹理通直、抗压力强、富含树脂、耐朽力强、工艺价值高，木材可用于建筑、造船、家具及造纸等。同时，红松松仁大而饱满，种仁中富含脂肪酸、氨基酸等对人体极其有益的营养元素，是珍贵的食用坚果。

自“六五”国家科技支撑（攻关）以来，老一辈林木育种专家开展了红松的种源试验及优良种源、家系、无性系选择和种子园营建等遗传改良研究，为国家储备了大量的种质资源，为早期红松用材林和坚果林提供了物质基础。红松生长周期长，遗传改良研究进程漫长而曲折，老一辈林木育种专家带领新一代青年学者在初级无性系种子园基础上，开展了红松高世代的遗传改良研究，数年如一日，长期蹲点在红松良种基地从事遗传改良工作，先后选择了几十个优良无性系并用于育种园及采穗圃的营建，部分无性系被黑龙江省审（认）定为良种。在不断提高红松优良品质的同时，他们发表了多篇学术论文，取得了科研、生产的双丰收。近些年来人们开始注重红松种子的产量及品质，充分利用红松的繁殖生物学特性和树体发育特性，选育了坚果型和材用型优良无性系；重点培育红松的果用林，并兼顾用材林，解决了红松无性系种子园产量低、树体高大且采种难等生产管理问题，逐步实现了红松优良种质资源的推广应用。这些科研成果和生产管理经验为《红松种质资源评价与利用研究》一书提供了宝贵的资源，使得红松遗传改良成效得到初步总结。

该书涉及林木育种学科的相关研究内容，以及红松种质资源的选育与评价，展示了红松种质资源选择的重要进展，可为红松的进一步遗传改良提供理论参考。

中国林学会副理事长、林木遗传育种分会主任委员

2018 年 4 月

前　言

我国是世界人工林面积最大的国家，面积达 0.69 亿 hm^2，但人工林生产力弱、木材平均蓄积量低，每公顷仅为 $40m^3$，且非林木产品供给能力不足，远低于林业发达国家水平。木材作为国家经济社会发展和人民生活不可或缺的战略物资，供应能力严重不足，现阶段木材年供需缺口约达 1 亿 m^3，对外依存度约高达 50%，木材安全面临严峻挑战；木本油料、森林食品等非林木产品供需矛盾突出，其巨大的生产潜力尚未发挥。为实现我国“增绿、增质、增效”的发展要求，保障我国林木生产安全，全面提升林木生产力，我国已重视并加强林木种质资源保存及利用、创制和选育速生优质的林木新品种，并逐步实现人工造林的良种化。“林以种为本，种以质为先”，林木良种在现代林业产业与生态建设中占有基础性和根本性地位。经过几十年的努力，我国林木良种选育、优良种质资源保存与利用工作已经取得了显著成绩，但是与发达国家相比差距仍然很大。目前我国林木良种使用率为 61%，尚不能满足人工林发展的需要，主要体现在遗传改良水平不高、育种技术体系不够完善、良种化率低、育种方法落后等方面。培育高产、优质、高抗的林木新品种，提高林木良种的产量与质量，显得尤为迫切。

东北生态保育区是国家“两屏三带”生态格局中东北森林带的空间载体，范围涉及东北三省和内蒙古东部，森林面积和蓄积量占全国的 1/5，是我国木材战略储备基地和重要粮仓及东北、华北平原的重要生态屏障。红松则是该地区主要的优势造林树种之一，其树干通直、树形圆满、材质良好、纹理通直、抗压力强、富含树脂、耐朽力强、工艺价值高，是中国东北地区大径材特用珍贵树种之一，其木材可用于建筑、造船及家具等，在国际木材市场上有“王座”的美称；同时，红松种子营养价值丰富，已作为珍贵的食用干果和木本油料经济树种，在我国果、材林基地建设中占据极其重要的地位。20 世纪 70 年代后期，我国系统开展了红松的良种选育研究，包括全分布区种源试验和优良种源选择、第一代种子园营建和良种生产等，为国家储备了大量种质资源，为红松果、材林作出了重大贡献。然而，与欧美等针叶树种育种的先进水平相比，红松遗传改良研究起步较迟，加之红松特有的繁殖生物学特性及树体发育特性，种子园产量低、树体高大且采种难、无性繁育困难等严重影响着红松的良种生产和繁育，导致良种化率和良种水平低，成为制约红松果、材林生产力的重要瓶颈。

著者以红松初级无性系种子园及其自由授粉子代家系为研究对象，系统研究和揭示了30余年生红松生长性状的多个年度的遗传变异规律，科学制定了以速生优质为培育目标的遗传改良评价策略；揭示了不同种子园无性系的结实性状、种实性状及营养成分的遗传变异规律，为育种亲本的选择和新种质的创制，二代育种群体构建提供了选择材料；开展了红松种实性状、营养成分等多性状综合选择技术的研究，为不同育种区选育和审（认）定了一批优质果、材品种（系）；揭示了性状指标间的相关关系，反映了性状指标间相互影响的程度，为红松的早期选择、缩短育种周期及高世代育种提供了科学依据；加强了红松的转录物学与分子标记辅助选择育种技术的研究，揭示了红松生长发育过程中重要基因的表达，获得了包括脂肪酸类合成、萜类化合物合成等合成相关的生物酶候选基因，以及参与植物次生代谢的候选基因；并利用获得的红松转录组数据，开发了EST-SSR标记，揭示了红松子代的遗传变异，以期为红松杂交亲本的选配和杂种优势预测提供理论参考，从而加速红松果、材林的育种进程。

本书共10章，前两章介绍了红松的基本知识和目前的育种概况，包括地理分布和生物学特性（第1章）及红松的育种研究概况（第2章）；第3章介绍了红松子代家系生长性状在多个年度存在的遗传变异规律；第4～8章分别系统地介绍了红松种实的性状、营养组分存在的变异规律，着重介绍了红松种实性状和营养组分变异研究（第4章）、种仁脂肪酸组分的变异研究（第5章）、种仁氨基酸组分的变异研究（第6章）、种实性状和营养组分的无性系性状选择（第7、8章）；最后两章简要介绍红松的分子理论基础和辅助育种技术，包括不同组织的转录组数据开发和次生代谢产物的差异表达（第9章），以及红松转录组SSR分析与EST-SSR标记开发（第10章）。

本书由张含国教授（东北林业大学）和张振博士（中国林业科学研究院亚热带林业研究所）共同撰写，其内容反映了6年间集中从事红松育种的基础工作，即张振博士同张含国教授共同开展的红松材用型和果用型无性系选育工作，通过生长性状、种实指标、营养组分等性状的研究选育出一批优良无性系，部分无性系被黑龙江审（认）定为良种，同时也应用于第二代种子园、育种园、采穗圃的营建。本书的撰写得到了黑龙江省苇河林业局青山种子园、鹤岗市林业局红松种子园、林口青山种子园和铁力市林业局种子园等单位的支持，林木遗传育种国家重点实验室（东北林业大学）的研究生（王绪、贾庆彬、于宏影、刘灵、张海啸）在数据整理与调查工作方面提供了很多帮助，在此一并感谢。

我国红松的育种研究正逐步地进入良好发展时期，但仍需进行长期和繁重的育种工作。由于著者水平有限，书中难免有不足之处，敬请读者和同行专家批评指正。

著　者

2017年9月

目　录

第 1 章　红松的地理分布和生物学特性

1.1　地 理 分 布

红松（*Pinus koraiensis* Sibe. et Zucc.）天然林主要分布在中国东北东部、俄罗斯远东南部及朝鲜半岛，日本的四国岛及本州岛也有零散分布。整个分布区的北界在 52°N（俄罗斯），南界在 33°50′N（日本），东界在 140°20′E（俄罗斯），西北界在 49°28′N、126°40′E（中国），西南界在 41°20′N、124°E（中国）。红松形成于 2300 万～2500 万年前，在我国境内，红松自然分布区北界为小兴安岭北坡、黑龙江省爱辉胜山林场，南界为辽宁省宽甸满族自治县，东界为黑龙江省饶河县，西界为辽宁省本溪市，蔓延的区域与长白山、张广才岭、老爷岭、完达山和小兴安岭山系相一致，生长海拔为 150～1800m（马建路等，1992；王殿波等，1999）。

1.2　形 态 特 征

红松是松科（Pinaceae）松属（*Pinus*）的常绿高大乔木，树皮灰褐色或灰色。针叶 5 针一束，长 6～12cm。花期 5～6 月，球果 9～10 月成熟。雄球花椭圆状圆柱形，红黄色，长 7～10mm，多数密集于新枝下部，呈穗状；雌球花绿褐色或粉红色，圆柱状卵圆形，直立，单生或数个集生于新枝近顶端，具粗长的梗。球果两年成熟，成熟球果卵状圆锥形，长 10～20cm。种鳞菱形，上部渐窄而开展，先端钝，向外反曲，鳞盾黄褐色或微带灰绿色，三角形，下部底边截形或微呈宽楔形；种子大，着生于种鳞腹（上）面下部的凹槽中，暗紫褐色或褐色，倒卵状三角形。红松形态的详细描述参阅《中国植物志》第七卷松科松属。

1.3　生物学特性

红松属半阳性树种，浅根性，常生于排水良好的湿润山坡上，幼树耐庇荫，对大气湿度较敏感。喜光性强，对土壤水分要求较高，不宜过干、过湿。在温寒多雨、相对湿度较高的气候与深厚肥沃、排水良好的酸性棕色森林土上生长最好。

耐寒力较强，在小兴安岭林区冬季–50℃低温下无冻害现象。红松天然林大多数与针、阔叶树种混交成林，混交树种多为云杉、臭冷杉、白桦、枫桦、水曲柳、紫椴、糠椴、春榆、蒙古栎、黄檗及胡桃楸等，一般红松在混交林中占上层林冠。红松是异花风媒传粉植物，具有发育缓慢、生殖延迟、多次生殖、种子大和寿命长的特点。红松进行生殖作用需要的能量较大，性成熟较晚。红松雌雄同株异花，无花被，胚珠裸露，一般雌雄花的开花时间相差 3～5 天。雌雄球花从球花原始体形成到开花、传粉、受精、种子成熟要跨越 3 年，即在头年夏季形成原始体，第 2 年春季开花传粉，第 3 年春季受精，秋季种子成熟。

1.4　经济利用价值

红松是我国东北部林区的地带性树种和主要造林树种之一。它树干通直、树形圆满、材质良好、纹理通直、抗压力强、富含树脂、耐朽力强、工艺价值高，是中国东北地区大径材特用珍贵树种之一，其木材可用于建筑、造船、家具及造纸等，在国际木材市场上有“王座”的美称。新中国成立后，红松与水曲柳等珍贵用材累计为国家生产木材 10 亿多立方米，约占全国同期商品材产量的 1/2，为新中国的原始积累和国民经济建设作出了重大贡献（江泽慧，2008）。

同时，红松种子营养价值丰富，已作为珍贵的食用干果和油料经济树种。松仁中除含有丰富的油脂、粗蛋白质、多糖、粗纤维外，还富含人体所需的矿物质等微量元素。红松与意大利石松（*Pinus pinea*）、西伯利亚红松（*P. sibirica*）、油松（*P. tabuliformis*）、瑞士五针松（*P. cembra*）、科拉多果松（*P. edulis*）、单叶果松（*P. monophylla*）等松科果实为目前世界松仁商品主要种类，经常食用有益于人体健康（Wolff et al.，2000）。红松种仁具有软化血管，降低血脂、胆固醇、三酰甘油及防止衰老的功能，入药能够熄风，润肺，治风痹、头眩、燥咳、吐血、便秘，对动脉粥样硬化、高血压有明显的预防和治疗作用。特别是松仁所含的脂肪主要影响人体的细胞因子，松仁脂肪酸主要为亚油酸和松油酸等多不饱和脂肪酸，可消除胆固醇沉积、调整和降低血脂、软化血管和防治动脉硬化；多不饱和脂肪酸还具有减少血小板的凝集和增加抗凝作用，故能降低血脂和血液黏稠度，预防血栓形成，对心血管系统有保护作用；松仁中的磷脂能显著提高机体免疫功能，激活巨噬细胞的活力，增强吞噬能力，提高机体抵抗疾病的能力；多糖和维生素 E 在一定程度上都具有调节血脂代谢及抗氧化作用，能够增强机体的免疫力（王振宇等，2008）。

另外，红松种壳中酚类等活性物质作为植物新陈代谢产物，广泛分布在植物体内，并且这些活性物质的抗氧化、抗病毒、抗感染作用突出，因此，为避免物质的浪费，可提取种壳中的活性物质加以回收利用（Su，2009）。

红松林是一个具有多层次结构的生态系统，物种多样，林副产品资源丰富，生产潜力巨大。红松的木材生产效益是早期红松林的主要经济效益；随着环境保护和生态文明建设，红松的经济效益转移为果实的营养价值和药用价值；再者，红松果林培育是林区二次创业的有效途径，也是目前林区增收的一个重要渠道。

第 2 章　红松的育种研究概况

松树是世界上最主要的珍贵用材树种，同时也是具有多功能和多用途的树种，提供了世界 40%的木材。例如，美国南方的火炬松（*Pinus taeda*）和湿地松（*P. elliottii*）、澳大利亚和新西兰的辐射松（*P. radiata*）、欧洲的欧洲赤松（*P. sylvestris*）和海岸松（*P. pinaster*）等都具有出材量高、用途广等优点。在松树的育种进程中利用多层次遗传改良成果，选用生长快、质量优、适应性强的优良材料进行造林。研发高世代育种与定向高效培育理论技术体系，满足社会发展对木材的多样化需求，已成为世界各国提高人工林生产力的主要途径。国外林业发达国家的主要松树均进入了第 3 代育种阶段，正向高产、优质、高抗等多目标方向发展。例如，美国火炬松遗传改良已进入第 4 代育种阶段，材积遗传增益从第 1 代的 10%提升至第 3 代的 35%；澳大利亚和新西兰的辐射松已完成了第 3 代改良，主要采用以提高遗传增益和保持遗传多样性为目标的滚动向前育种策略。以分子设计育种、细胞工程育种等为核心的现代林木育种技术则推进了速生、优质、高抗林木新品种的定向选育进程。

红松大规模的遗传改良工作开始于 20 世纪 80 年代，试验材料主要以天然红松林为选择群体，按照种源区划选择种源或优树，在红松分布区内营建了 20 多个初级种子园，在营建的种子园中以无性系种子园为主，为后期的红松遗传改良提供了物质基础。我国关于红松无性系选育的研究报道较少，主要在生长、开花结实、定向培育、苗期管理等方面，而近年来，伴随着红松果、材用的定向培育目标及重要经济性状的研究，专家已逐渐加强红松高世代育种技术和果、材用林定向培育技术体系的建立，推进木材优质与高产优质的定向选育进程。

2.1　用材林育种及定向培育研究

红松作为森林群落的优势种和建群种，多与落叶阔叶树种和针叶树种形成以红松为主的针阔混交林，红松材质优异，多年来一直是森林采伐首先选择的对象，其资源越来越少。早期，红松作为优质的木材供应，是林区经济效益的来源，育种方向主要在树干通直、材质材性、生长量等方面。李克志（1983）通过对红松的解析木分析，研究了树高、胸径、材积生长的规律性；王永范等（2005）通过对红松的生长发育规律进行研究，将 1 年内红松的生长期划分为 3 个阶段，并提出各生长期的高生长与其生长期的气候因子相关性紧密；杨会侠等（2007）研究了红松杈干对立木材积的影响；孙秋颖和王太海（2008）通过固定样方和定期测定的方法确定了红松苗木高生长和气象因子之间的关系；张淑华等（2011）通过分析 360 个红松家系子代林的树高、胸径和材积，表明树高、胸径和材积在家系间差异极显著，并通过选择获得了一定的遗传增益；沈海龙等（2011）利用不同开敞度作为调控指标探讨了对红松次生林林冠下径高生长量和地上生物量的影响因素；董元海等（2013）研究发现，红松不同地理种源的树高生长量存在着显著差异，胸径在种源间差异不显著。

2.2　坚果林育种及定向培育研究

针对可食用松科树种开展优良资源收集研究较晚。其中，西班牙和葡萄牙对意大利石松以食用为目的的品种选育研究非常深入。在最近的几十年间，他们已经就石松在结实方面的遗传变异、种源试验、优良无性系选育进行了大量研究，选育出了许多优良的品种和品系，但对其他食用松以食用为目的的栽培研究才刚刚开始。美国的食用松种类虽然较多，食用历史也很长，但专门以食用为目的的育种几乎没有。以科拉多果松为例，其食用松果生产主要结合圣诞树和观赏树栽培进行。俄罗斯比较重视西伯利亚红松的松子生产。前苏联森林遗传育种研究所以结实枝条多、松子产量高为标准，选出优树 180 余株，以其枝条嫁接，选出了一批种实高产型无性系。俄罗斯长期以来一直对西伯利亚红松的经营利用非常重视，目前经营的重点主要在西伯利亚红松坚果型优树的培育与选择、提高西伯利亚红松产种量等方面开展了大量的工作，取得了许多有实际应用价值的经验和方法。从 1991 年起俄罗斯已下令禁止对西伯利亚红松进行砍伐，确定红树林 70%～90%为经济林和生态林，现已划定了 100 万 hm^2 为红松的坚果林，阿尔泰山区每年培育 1500 万株优良的红松苗木，每年营造 4000hm^2 的红松林，并成功地营建以坚果优树组成的无性系坚果园，筛选出西伯利亚红松高产大果型的无性系，该无性系比其他高产的无性系结实提高 24%～42%，并采用高枝嫁接建立无性系坚果园 70.5hm^2，每公顷结实达 150kg。

红松不仅是优良的用材树种，而且正作为重要经济树种受到人们青睐，发展前景较大。前期红松主要作为用材林生产，但是，红松具有早期分杈的特性，对培育红松的无节良材影响较大，因此逐渐对红松开始红松果林或果材兼用林的定向改造，使其经济和社会效益得到提高。前苏联较早地就将松子作为食用油料树种发展；韩国在红松种子园结实方面进行了相关研究。我国对红松的研究起始于红松果园化技术，目的是提高红松结实产量，研究红松的结实规律。赵红菊和王云华（1994）提出了以髓心形成层帖接为主的红松嫁接方法；李宝坤等（1995）通过光照调节、冠型培养、改造红松人工林、改良造林间距等，促进了红松发育，缩短了结实周期；吕宜芳等（1999）通过对红松坚果林的疏伐试验，发现强度疏伐对结实量作用显著，不同疏伐强度的结实量差异显著；刘国刚等（1999）实现了樟子松、赤松的异砧嫁接。

经过长时间的研究，人们对红松的了解更加深入和具体，在红松结实规律、生理生长期、人工林营建、遗传变异规律等方面做了初步的研究工作。祖元刚等（2000）研究了红松天然种群的风媒传粉特点，提出红松授粉的有效高度为 25m 左右，花粉的密度最大，并提出天然群体中花粉的短距离传播效率较低；那冬晨（2002）初步对坚果型无性系进行了选择研究，调查的指标在无性系间差异显著；杨凯和谷会岩（2005）研究了红松幼龄至开花阶段红松体内激素的变化；于世河（2006）等利用 8 个产地的红松种子，测定了种子的 9 项形态指标，表明种子形态指标产地间差异显著；于辉等（2011）通过对红松雄花和雌花的形态和发育状况研究，对红松的开花结实规律进行了探讨；尚福强等（2012）通过对 17 个种源的红松苗期生长研究，表明子代苗高和地径产地间有显著差异，且红松苗期生长的基本变异模式是以海拔垂直梯度为主的连续型变异。

随着生态文明建设和育种策略的转变，逐渐重视提高红松种实内在的品质特性，提高红松的综合利用价值；开展红松的结实、果实品质、种子有效成分开发等，极大地促进了红松种质资源的综合利用。与可食用坚果类树种核桃、板栗、山杏、油茶等树种相比，红松在果实品质、抗性、形态特征、遗传结构等方面的研究相对较弱。红松作为木本油料树种具有较大的综合利用价值，国内外先后对红松的果实商品性和实用性优劣等指标进行了大量的研究和开发，为红松的品种选育、营养品质分析、重要性状的挖掘提供依据。韩国学者研究了红松种仁中的活性成分物质，油脂、水分、灰分、粗蛋白质、碳水化合物的含量分别为 58.21%、7.84%、1.56%、14.26%、18.13%，氨基酸成分中必需氨基酸和非必需氨基酸含量占氨基酸总量的比例分别为 36.6%、60.3%。Imbs 等（1998）研究了红松的脂肪酸成分，表明脂肪酸成分中亚油酸的含量最高，达 44.1%，油酸的含量为 28.1%，松油酸的含量为 13.9%。王振宇等（2008）对红松松仁中的天然产物进行了介绍，同时提出了红松松仁中油脂、蛋白质、多糖等的最佳提取工艺条件。Su 等（2009）采用超声波辅助提取法，从红松种壳中提取多酚类、黄酮类的活性物质成分，并对提取工艺进行纯化。红松的综合利用价值较高，若对其进行品种选育、营养品质分析、早期选择等方面的研究，必然使红松的生产效益、经济效益和社会效益逐渐得到提高。

虽然前期红松的研究领域广泛，但是真正利用林木改良手段或理论达到良种选育或揭示遗传规律机理的研究较少。树木改良工作是培育速生、优质、高产的新品种，不但包括选择、交配设计和遗传测定等常规育种过程，还应结合现代的生物技术手段揭示林木重要的遗传机理。

2.3　红松的分子辅助育种研究

育种是一个连续的过程，它一开始是用于评价候选者的重要经济性状或者是评价适应自然环境的能力，能够继续选择的便是最优候选者。传统意义上的育种程序是在综合评价的基础上通过表型特征从一个基因结构群体中获得基因型个体，再进一步地推论每个表型的育种值。随着分子基因分型技术的发展，它逐渐利用标记数据进行育种选择，同时利用它们之间的亲缘关系间接地评估候选者的育种价值。分子标记被定义为无论是在年龄上还是在特定的环境下，都表现出可遗传的潜在的基因型。遗传标记作为间接选择在缩短育种周期、提高选择强度的过程中发挥着越来越重要的作用。目前应用于林木中的分子标记主要有限制性片段长度多态性（RFLP）、随机扩增多态性 DNA（RAPD）、扩增片段长度多态性（AFLP）、微卫星 DNA（SSR）及单核苷酸多态性（SNP）等。

分子标记能够很好地应用于检测种质资源遗传多样性（genetic diversity）水平，主要的研究内容包括：对参试材料的样本量大小和供试材料进行选择；对群体的大小进行评估；构建育种材料的核心种质资源；对试验材料（天然群体或亲本来源）进行分类鉴别。为研究红松树种的遗传结构，了解遗传的变异规律，国内外也展开了相关研究。冯富娟等（2004）分析了红松 4 个不同海拔种群的遗传变异规律，87 个个体扩增的多态性位点比率为 60.7%，平均每个引物为 3.6 个多态性位点；发现红松分布的中心区的遗传多样性要大于边缘区；红松种群内的基因多样性占总基因多样性的 72.99%，种群间基因多样性占总基因多样性的 27%，说明红松的变异主要来自种群内部；红松呈现随海拔升高，遗传多样性降低的趋势，不同海拔红松之间的遗传距离和地理距离之间有明显的正相关性，而且不同海拔之间的遗传一致度较大，海拔因子对红松的隔离影响较小；对不同地区粗皮与细皮红松 SSR 的分析表明，两者在遗传上可能并无明显差异，树皮在形态上的差异纯粹是环境饰变的结果，或者两者的差异序列不在 SSR 引物的结合部位；红松的遗传多样性水平在松科植物中是比较高的，而且红松种群间的遗传分化较为明显，说明红松分布区逐渐缩小是由人类的破坏作用，再加上火灾和风倒等因素造成的。王洪梅（2006）利用 14 个 ISSR 引物分析了红松种子园和天然群体的遗传多样性和遗传结构，发现种子园和天然红松群体内的基因多样性占总群体的 97.24%；比较了红松种子园与天然群体的多态性位点比率、有效等位基因数、Nei 指数等，发现种子园各值比天然群体的相应平均值高，说明红松种子园具有较广泛的遗传基础和遗传多样性，红松种子园的建立是红松遗传改良的有效途径之一；对种子园内各红松种源进行了遗传结构和遗传多样性分析，表明遗传变异主要存在于种源间，且种子园内各种源的遗传距离与地理距离相关性不明显。邵丹（2007）采用叶绿体微卫星（cpSSR）技术对凉水国家级自然保护区天然红松林种群的遗传多样性在时间尺度上的变化进行了遗传分析，选择 121 个树龄在 1581～1900 年的红松个体，连续分为 6 个龄级，检测到多态性位点比率为 71.43%，凉水保护区内的红松遗传多样性在 320 年间没有发生太大的波动，龄级间遗传多样性分化不明显，表明红松遗传多样性主要存在于龄级内。隋心（2009）利用红松种子园无性系及其自由授粉子代为试验材料，分析其遗传多样性和交配系统，表明建园无性系的多样性水平较高，中等程度以上的多态性水平的种子园异交率比较高。

2.4 结　　语

林木种质资源泛指所有木本植物（包括乔木、灌木、竹、藤）的种质资源，它是一种特殊的可再生资源，不仅为人类社会提供多种多样的产品，还具有多种生态服务功能，并为生物多样性，尤其是为遗传多样性提供重要支撑。其是国家的重要资产和战略资源，是社会经济发展的重要基础，具有重要的经济、生态、社会、文化和生物多样性等多种效益。

红松种子园和试验林的营造从 20 世纪 70 年代开始，为国家储备了大量种质资源。遗传改良的目的是培育高产优质的品种，在林木遗传变异的基础上发掘遗传变异规律来改良林木的遗传结构，培育林木新品种，是林木遗传育种的常规育种策略。而与作物和动物不同，林木改良发展较晚，且林木育种周期较长，在多地点营建试验林，营建和抚育管理较复杂，且许多重要经济性状需在多年生长后或结实后才能有效地给予评价，因此，林木选育研究进展较慢。鉴于以上特点，采用常规育种与现代育种新技术相结合无疑是较好的育种策略。

第 3 章　红松自由授粉家系生长性状的变异研究

红松材质良好、出材率高，但红松的成材时间较长，天然林红松幼龄材与成熟材的界限为 35 年。相关学者根据人工林红松的材性性能指标及力学性质的测试比较，或采用最优分割法分析均得出：人工林红松幼龄材与成熟材的界限为 15 年，材质和力学性质指标总体上均表现为幼龄材质低于成熟材，因此，在红松人工林生长 15 年后，即达到半轮伐期后对其生长变异规律研究具有一定指导意义（刘迎涛等，2004；王宏伟等，2005）。深入研究红松人工林的生长遗传变异规律，及时调整红松人工林的抚育，合理利用红松资源已成为当务之急。同一性状在不同年龄之间的遗传相关称为 A 型遗传相关，这类遗传相关通常在半同胞家系水平下进行研究，且在半轮伐期进行家系选择，其误差可以被接受（Ying and Morgenstern，1979）。半同胞家系水平下遗传变异研究是通过大量子代测定，证明生长性状在自由授粉家系之间存在显著的差异，进而利用加性遗传变异进行选择，使遗传增益最大化。前期对红松的生长性状的研究多集中在种源变异、苗期生长等方面，且多以单个年度的观测值分析。截至目前，基于红松生长性状多年度间遗传变异进行优良家系选择鲜有报道。利用 21 年、25 年、27 年的红松生长量数据进行自由授粉家系子代测定林的生产力评价，并基于材积生长量的重要遗传参数的年度变异趋势，可为红松的优良家系选择、初级种子园的去劣疏伐提供理论依据和参考数据。

3.1　材料与方法

3.1.1　材料

试验材料为 1988 年黑龙江省苇河林业局的红松种子园自由授粉子代家系测定林，共有 79 个处理（78 个无性系来源于黑龙江省鹤北林业局的优树，对照种子来源于当地生产对照）。

3.1.2　试验地设置及生长量调查

子代测定林位于黑龙江省苇河林业局青山种子园，当地海拔为 300m，年降水量为 666.1mm，年日照时数为 2552.3h，年均温为 2.3℃，年蒸发量为 1084.4mm，大于 5℃积温为 2753.2℃，7 月均温为 21.6℃。试验林采用完全随机化区组设计，单行小区 8 株，5 次重复，株行距 1.5m×2.0m。分别于 2008 年（21 年）、2012 年（25 年）、2014 年（27 年）树体停止生长后测量树高（m）、胸径（cm）。

3.1.3　数据统计分析

因 2008 年调查数据仅保留 1、2、3 区组数据，后期分析时 21 年生数据采用 3 个重复，25 年生、27 年生采用 5 个重复的调查数据。立木材积（V）按实验形数法计算：

$$V=(H+3)\ g_{1.3}f \tag{3-1}$$

式中，红松立木平均实验形数 f 为 0.33，H 为树高，$g_{1.3}$ 为胸高断面积。

方差分析采用以下线性模型：

$$Y_{ijk}=\mu+B_i+F_j+B\times F_{ij}+\varepsilon_{ijk} \tag{3-2}$$

式中，Y_{ijk} 表示第 i 个区组第 j 个家系的第 k 个观察值，μ 为总体平均值，B_i 为第 i 个区组的区组效应，F_j 为第 j 个家系的家系效应，$B\times F_{ij}$ 为第 j 个家系和第 i 个区组的交互作用，ε_{ijk} 为随机误差。

家系遗传力（h_{f}^2）：

$$h_{\mathrm{f}}^2=\sigma_{\mathrm{f}}^2/(\sigma_{\mathrm{e}}^2/nb+\sigma_{\mathrm{fb}}^2/b+\sigma_{\mathrm{f}}^2) \tag{3-3}$$

单株遗传力（h_{i}^2）：

$$h_{\mathrm{i}}^2=4\sigma_{\mathrm{f}}^2/(\sigma_{\mathrm{e}}^2+\sigma_{\mathrm{fb}}^2+\sigma_{\mathrm{f}}^2) \tag{3-4}$$

式中，σ_{f}^2 为家系的方差分量，σ_{fb}^2 为家系与区组互作方差分量，σ_{e}^2 为误差项方差分量，b 为区组（重复）数，n 为区组内各家系单株数量。

遗传增益（ΔG）：

$$\Delta G=h^2\times S/\overline{x} \tag{3-5}$$

式中，h^2 为遗传力，S 为选择差，$\overline{x}$ 为性状均值。以上数据统计分析采用 SPSS18.0

与 DPS14.0 统计软件分析。

3.2　自由授粉子代家系生产力年度变异与家系选择

3.2.1　红松家系生长性状的年度间的遗传变异分析

表 3-1 列出了红松家系的生长性状在 3 个树龄的均值表现及变异趋势，分别比较树高、胸径、材积在 6 年间的生长量，树高增长 2.93m（8.20～11.13m），胸径增长 2.93cm（14.13～17.06cm），材积增长 0.0251m^3（0.0313～0.0564m^3），材积的增长量最大；同时，分别利用 25 年生与 21 年生、27 年生与 25 年生的生长量比较，均表明材积的增长率最大，分别为 39.94%、28.77%，胸径的增长率为 13.09%、6.77%，树高的增长率为 13.66%、19.42%。

表 3-1　红松生长性状方差分析

树龄	性状	平均值	变异系数/%	方差分量			家系遗传力	单株遗传力
				家系	区组×家系	随机误差		
21 年	树高	8.20m	13.78	0.061 541 9**	0.081 629 3	1.157 131 8	0.40	0.19
	胸径	14.13cm	23.49	0.290 637 0*	0.348 198 4	11.018 135	0.29	0.10
	材积	0.031 3m^3	48.24	0.000 004 7*	0.000 004 5	0.000 226 8	0.25	0.09
25 年	树高	9.32m	13.63	0.131 612 8**	0.290 002 3	1.311 052 4	0.56	0.30
	胸径	15.98cm	22.47	0.431 173 5**	0.634 589 9	12.484 733	0.44	0.13
	材积	0.043 8m^3	46.80	0.000 016 2**	0.000 007 4	0.000 414 2	0.51	0.15
27 年	树高	11.13m	11.95	0.123 500 9**	0.040 305 3	1.311 701 1	0.70	0.33
	胸径	17.06cm	21.22	0.523 768 3**	0.523 862 0	12.772 40 6	0.50	0.15
	材积	0.056 4m^3	43.97	0.000 031 8**	0.000 014 3	0.000 596 2	0.58	0.20

**表示差异极显著（P<0.01），*表示差异显著（P<0.05）

研究家系树高、胸径、材积的变异表明，生长性状在 21 年生时的变异系数均较后期生长的变异系数稍大，且随树龄的增加呈微弱递减的变异趋势；且在 3 个树龄段中，均表现出材积的变异系数最大，树高、胸径、材积在 3 个树龄的平均变异系数分别为 13.12%、22.39%、46.34%。方差分析结果表明，红松生长性状在 21 年生、25 年生、27 年生均表现出显著或极显著的家系效应，由家系间的变异幅度可知，21 年时树高、胸径、材积性状中生长最快家系分别是最慢家系的 1.31 倍、1.39 倍、2.06 倍；25 年时树高、胸径、材积性状中生长最快家系分别是最慢家系的 1.30 倍、1.38 倍、1.95 倍；27 年时树高、胸径、材积性状中生长最快家系分别是最慢家系的 1.29 倍、1.37 倍、1.40 倍。与已报道的针叶树种一致，红松生长性状受弱至中等强度遗传控制。相同年度内，家系遗传力均高于单株遗传力，说明生长性状（尤其是材积）在成熟材生长进程中，通过家系间选择，仍可以达到选择效果。

3.2.2 优良家系和单株选择

3.2.2.1 优良家系选择

采用材积（兼顾树高、胸径）作为红松用材林优良家系和单株的选择指标。红松生长性状受中等程度的遗传控制，为考虑群体的遗传多样性水平及遗传增益，在家系选择中，家系遗传力较高时采用较高的入选率，反之采用较低的入选率。本研究中方差分析结果表明各生长性状家系间差异达显著水平，且 3 个树龄的当地生产对照（CK）的材积均低于群体均值，因此，每个树龄皆选择出高于群体总均值的家系作为初选家系，21 年生、25 年生和 27 年生材积分别高于群体均值的家系同为 39 个。选取每个树龄在初选群体中共有的家系（仍能保持材积生长量）作为复选家系，共计 16 个，见表 3-2。本研究以 20%的家系入选率对材积进行选择，材积可获得较高的遗传增益，入选的 16 个优良家系的材积在 21 年、25 年和 27 年时的平均值分别为 0.0368m^3、0.0486m^3 和 0.0616m^3，分别高于当年群体均值 17.57%、10.96%和 9.22%，分别比当年生对照（CK）高 28.67%、17.68%和 14.07%（表 3-3）。同时结合入选家系的树高和胸径分析可知（表 3-3），优良家系树高的遗传增益在 21 年生、25 年生和 27 年生时分别为 1.52%、1.02%和 0.52%，增益随着树龄在逐渐降低，但没有出现负增长；胸径在 21 年生、25 年生和 27 年生时分别为 2.10%、2.10%和 2.00%，遗传增益处于较稳定的低增长水平，树高、胸径增益均低于材积。

表 3-2 优良家系均值与遗传增益

家系	21 年		25 年		27 年	
	材积（V）/m^3	遗传增益/%	材积（V）/m^3	遗传增益/%	材积（V）/m^3	遗传增益/%
87	0.0325	0.95	0.0439	0.12	0.0700	13.93
37	0.0392	6.30	0.0495	6.60	0.0662	10.05
162	0.0376	4.98	0.0448	1.15	0.0657	9.51
133	0.0327	1.11	0.0482	5.15	0.0632	7.03
119	0.0361	3.80	0.0438	0.01	0.0630	6.73
19	0.0426	8.93	0.0500	7.22	0.0621	5.83
50	0.0361	3.77	0.0450	1.37	0.0619	5.69
1	0.0389	6.04	0.0503	7.55	0.0615	5.25

续表

家系	21 年		25 年		27 年	
	材积（V）/m^3	遗传增益/%	材积（V）/m^3	遗传增益/%	材积（V）/m^3	遗传增益/%
51	0.0398	6.71	0.0493	6.46	0.0614	5.14
105	0.0377	5.06	0.0474	4.20	0.0599	3.63
33	0.0370	4.49	0.0504	7.72	0.0595	3.21
174	0.0314	0.07	0.0461	2.69	0.0593	2.94
197	0.0347	2.65	0.0450	1.37	0.0592	2.91
62	0.0384	5.66	0.0592	17.90	0.0579	1.48
154	0.0375	4.93	0.0498	7.00	0.0573	0.95
144	0.0358	3.56	0.0548	12.82	0.0567	0.30

表 3-3　入选优良家系与群体家系均值比较

树龄	编号	树高（H）/m	树高遗传增益/%	胸径/cm	胸径遗传增益/%	材积（V）/m^3	材积遗传增益/%
21 年	家系	8.51	1.52	15.15	2.10	0.0368	4.32
	CK	8.02	—	13.68	—	0.0286	—
	群体	8.20	—	14.13	—	0.0313	—
25 年	家系	9.49	1.02	16.74	2.10	0.0486	5.58
	CK	9.18	—	15.66	—	0.0413	—
	群体	9.32	—	15.98	—	0.0438	—
27 年	家系	11.21	0.52	17.72	2.00	0.0616	5.29
	CK	10.90	—	16.79	—	0.0540	—
	群体	11.12	—	17.06	—	0.0564	—

3.2.2.2　优良单株选择

在家系选择时，同时进行家系内单株选择，研究表明，树高、胸径、材积的单株遗传力较低，因此，为取得更大的遗传增益和丰富群体的遗传多样性水平，需降低入选率，提高选择差。以 27 年生材积不低于群体平均值 2 倍，树高、胸径高于平均值且每家系选择一株为约束，共选择出 16 个优良单株（表 3-4）。材积遗传增益为 20.25%～34.37%，树高和胸径的遗传增益分别为 1.13%～8.25%、5.40%～9.62%，通过单株选择能大大提高红松生长量，同时在生产上可利用优良单株进行无性繁殖并加以利用。

表 3-4　红松优良单株选择

单株	树高（H）/m	树高遗传增益/%	胸径/cm	胸径遗传增益/%	材积（V）/m^3	材积遗传增益/%
30	12.6	4.39	23.7	5.84	0.1135	20.25
12	12.0	2.61	24.2	6.28	0.1138	20.35
184	13.0	5.58	23.5	5.66	0.1144	20.58
37	12.5	4.10	24.0	6.10	0.1156	21.01
77	12.0	2.61	24.5	6.54	0.1166	21.35
162	13.9	8.25	23.2	5.40	0.1178	21.78
128	12.4	3.80	24.6	6.63	0.1207	22.81
178	12.4	3.80	24.6	6.63	0.1207	22.81
108	11.5	1.13	25.5	7.42	0.1221	23.31
17	12.2	3.21	25.1	7.07	0.1240	23.98
157	12.9	5.28	25.1	7.07	0.1297	26.01
36	12.7	4.69	26.0	7.86	0.1375	28.75
35	12.9	5.28	26.1	7.95	0.1403	29.75
119	12.6	4.39	26.5	8.30	0.1419	30.32
99	12.4	3.80	27.4	9.09	0.1496	33.10
34	12.1	2.91	28.0	9.62	0.1533	34.37

3.3　结　　论

目前，在红松的遗传改良过程中，家系和单株选择仍然是常用的育种手段，林木的生长经过长期的自然选择，多数性状存在着丰富的遗传变异，经过选择可获得所期望的效果，如利用家系选择在日本落叶松（*Larix kaempferi*）、杂种落叶松（hybrid larch）、马尾松（*Pinus massoniana*）等松科树种的遗传改良中取得了较好的改良效果（邓继峰等，2010；孙晓梅，2003；周志春等，1994）。利用半同胞家系的多年度生长性状测量数据，可持续研究红松家系的生产力水平，同时探讨树龄与家系的遗传品质变化。红松树龄达到半轮伐期后的生长性状以材积的增长量最大，证实树龄在半轮伐期后以材积为主要指标，兼顾胸径和树高指标进行选优的育种策略。树龄影响着红松生长性状，报道表明树龄达到一定时期后主要以材积增长为主，家系的遗传品质随树龄的增加对红松材积的影响较大，这种家系作用在林木的生长性状中表现明显。红松参试家系具有丰富的遗传变异，尤其是材积的变异系数最大；变异系数随树龄呈微弱的递减趋势，与张谦等（2013）的研究结果一致，可能与试验林的保存率相关（Wu et al.，2007；Kumar and Lee，2002）。

红松生长性状受弱至中度的遗传控制，家系遗传力高于单株遗传力，与马尾松，国外的樱皮镰状栎（*Quercus pagoda*）、白云杉（*Picea glauca*）等研究结果一致（Adams et al.，2007；Magnussen，1993；Weng et al.，2007）。林木生长周期较长，尤其需通过子代测定试验，良种选育难度较大。为缩短育种周期，一般将早期选择作为家系选择的有效途径，但林木生长期的生长变化受遗传、环境及树龄等多方面的复杂影响，结合林木材积生长快、慢的生长类型，研究半轮伐期后不同年龄及不同选择强度下红松材积的选择效果，依然具有重要意义。半同胞家系水平下遗传变异研究是通过大量子代和家系测定进行，本研究利用红松生长性状开展家系和单株选择时，兼顾遗传增益最大化及保持群体的遗传多样性水平，经初选和复选，选择出 16 个家系和 16 个单株，初步选出的优良家系和单株表现出明显的生长优势，可指导无性系种子园去劣疏伐并提供无性繁殖材料。

优良的林木品系应是以材积生长量大、树干通直、侧枝较小、幼龄材基本密度高、材性均匀等为选育指标。本研究的缺陷是仅以不同树龄的生长性状作为选育指标，未充分考虑通直度、侧枝粗、材性性状等指标，会造成未入选家系的优良性状遗漏。本项目的研究目的是探讨红松不同树龄下家系遗传品质及家系生产力的变化，初步为红松的家系选择提供基础，下一步将结合目标性状进行遗传相关分析，提高选择效率，同时结合育种值，提高入选优良家系的可靠性，筛选高产、稳产的优良品系。

第 4 章　无性系种子园种实性状和营养组分的变异研究

树木的种子形态和种实品质是其最重要的指标，是后代生长繁育的遗传基础。种子形态是一种较稳定的性状，是长期适应环境和不断进化的产物，是树木分类和遗传研究的重要指标。内在品质是果实商品性和实用性优劣的重要标志，红松种仁中含量最高的是油脂，据研究报道，松仁中的油脂含量与核桃（*Juglans regia*）中的油脂含量相当，显著高于榛子（*Corylus heterophylla*）、山杏（*Armeniaca sibirica*）、文冠果（*Xanthoceras sorbifolium*）、阿月浑子（*Pistacia vera*）、油棕（*Elaeis guineensis*）。目前，国内对可食用坚果类核桃、板栗（*Castanea mollissima*）、山杏等在品种选育、营养品质分析方面开展了较多研究，使坚果类树种在种实品质改良及栽培技术上逐步提高。已有研究表明，红松种实性状不同程度的差异，与所存在群体及该群体特定生存环境相关外，还与植株的特定遗传物质基础相关。初步研究表明红松种实性状在不同群体或居群间存在一定的变异，对于红松种子园及种子园无性系间种实形态和营养成分的遗传变异规律有待揭示。对无性系开花结实及种子形态虽有初步了解，但缺乏系统研究，更缺少不同种子园及种子园内无性系营养品质的评价。本章通过对 4 个种子园 60 个无性系样本的种实性状分析，探讨了红松种实性状在群体间和无性系间的变异，为坚果园和高世代种子园营建奠定基础。

4.1　材料与方法

4.1.1　试验材料的选择

试验材料选自黑龙江省的苇河（WH）林业局青山种子园、林口县（LK）青山种子园、鹤岗市（HG）林业局种子园、铁力市（TL）林业局种子园（表 4-1），根据近 3 年红松的结实状况，每个种子园内选择 15 个无性系，见表 4-2。4 个种子园母株均于 1979 年嫁接后营建，种子园亲本来源：苇河青山为鹤北优树、鹤岗为五营优树、林口青山为当地人工林优树、铁力为五营优树。株行距 4m×6m，配置方式以顺序和错位交叉排列。于 2011 年秋果实成熟后采集、脱粒，储存于东北林业大学冰柜中，5℃保存、备用。

表 4-1　各种子园的地理气候因子

地点	纬度	经度	海拔/m	年降水量/mm	年日照/h	年均温/℃	≥5 积温/℃	7 月均温/℃	年蒸发量/mm
苇河	45°06′28″N	127°55′5″E	300	666.1	2552.3	2.3	2753.2	21.6	1084.4
林口	45°22′45″N	130°32′55″E	400	520.1	2615.9	2.5	2732.5	21.2	1266.1
鹤岗	47°28′26″N	130°35′07″E	64	646.0	2566.8	2.6	2889.0	21.0	1190.0
铁力	47°16′55″N	128°26′19″E	249	641.1	2420.0	1.4	2656.5	21.4	1193.3

表 4-2　4 个地点 60 个无性系样品来源

地点	无性系号														
鹤岗	1	2	6	8	10	12	14	17	21	23	39	41	43	44	49
林口	3	6	8	11	13	15	16	18	19	20	24	26	27	32	36
铁力	1024	1048	1061	1102	1104	1112	1131	1185	1194	1209	1271	1357	1383	3083	3101
苇河	008	019	028	042	056	057	063	065	066	067	071	110	117	152	162

4.1.2　种实性状的调查与营养组分的提取

每个无性系随机选取 4 株标准木的球果，将每株采集的球果处理后的种子混合后，进行千粒重（g）、出仁率（%）的测定。千粒重：采用四分法，取平均值，3 次重复。出仁率：每株随机选取 100g 种子，设置 3 次重复，出仁率=脱皮后的松仁重/种子重×100%。每株随机选取 30 粒种子进行种长（mm）、种宽（mm）的测定，3 次重复。种长、种宽：游标卡尺测定种子的纵轴为其长，测定垂直种脐种面最大横向宽度为种宽。

种实表型性状测定后用于种仁营养组分、种皮活性成分的提取。具体的提取方法如下。①松子油的提取：将滤纸筒放入提取管中，连接好提脂瓶，倒入石油醚，连接好冷凝装置，将装置放入 70℃水浴锅中 6～12h（标准：取一滴提取管中的液体于滤纸上，没有油斑）。提脂瓶旋转蒸发，回收石油醚。提脂瓶放入烘箱中（60℃），挥发尽石油醚，称取提脂瓶和油脂重量，将油样保留。滤纸筒取出，烘干（60℃），称重。最后提取的油脂–20℃保存备用。②种仁脱脂粉末的提取：取粉末 0.5g，加 50ml 水提取，超声波辅助提取（60℃、500W）2h，抽滤后，定容至 50ml，用于蛋白质含量与多糖含量的测定。③红松种壳预处理：松壳粉碎后过 20 目筛，按照优化的提取工艺，按照料液比 1∶20，加入 40%乙醇作为提取溶剂，超声波功率 300W，超声 2h，提取温度 60℃，之后抽滤，定容用于黄酮、多酚提取液的制备。

4.1.3 种仁营养组分和含量的测定

油脂含量的测定采用索氏提取法（GB/T 5009.60—2003）；蛋白质含量的测定采用超声波辅助提取，紫外分光光度法测定，标准曲线为 y=7.3943x+0.028 80，y 为吸光值（λ=595nm），x 为蛋白质含量，单位为 mg/ml；多糖测定采用苯酚-硫酸法，标准曲线为 y=5.2411x+0.0631，R^2=0.9914，y 为吸光度（λ=490nm），x 是多糖含量（mg/ml）。水分（%）测定依据 GB 5009.3—2010，灰分（%）测定依据 GB 5009.4—2010，粗纤维含量测定（%）依据 GB/T 5009.10—2003；Folin-Ciocalteus 法测定种壳多酚含量，以没食子酸为标准对照计算样品中的多酚含量，标准曲线为 y=0.0109x+0.0119，y 为吸光度（λ=765nm），x 为多酚浓度（μg/ml）；三氯化铝法测定其黄酮含量，以芦丁为标准品对照，标准曲线为 y=0.0004x+0.0034，y 为吸光度（λ=500nm），x 为黄酮浓度（μg/ml）。每个无性系分别测定 3 个单株，采用食品安全国家标准中相应成分的检测方法进行检测，每个试验均设置 3 次平行试验。

4.1.4 数据的处理和分析

使用软件 DPS14.0 和 Minitab16.0 进行数量性状遗传参数的统计和分析，采用巢氏方差分析，线性模型 $X_{ijk}=\mu+S_i+T_{j(i)}+\varepsilon_{ijk}$，每个观察值 X_{ijk} 为第 i 个群体第 j 个无性系第 k 个观测值，μ为总体平均值，S_i=（$\mu_i-\mu$）为种子园间处理效应（固定）、$T_{j(i)}$ =（$\mu_{ij}-\mu$）为种子园内无性系效应（随机）及ε_{ijk}=（$X_{ijk}-\mu_{ij}$）为随机误差。总变异的平方和[$\mathrm{SS_T}=\sum_{i=1}^{a}\sum_{j=1}^{m}\sum_{k=1}^{n}(x_{ijk}-\overline{x})^2$]分解为种子园间平方和[$\mathrm{SS_t}=m\sum_{i=1}^{a}(\overline{x}_i-\overline{x})^2 n$]、组内亚组间平方和[$\mathrm{SS_d}=n\sum_{i=1}^{a}\sum_{j=1}^{m}(\overline{x}_{ij}-\overline{x}_i)^2$]与试验误差平方和[$\mathrm{SS_e}=\sum_{i=1}^{a}\sum_{j=1}^{m}\sum_{k=1}^{n}(x_{ijk}-\overline{x}_{ij})^2$]。以表型分化系数（$V_{\mathrm{st}}$）反映种子园间表型分化状况：

$$V_{\mathrm{st}}=\delta_{\mathrm{t/s}}^2/(\delta_{\mathrm{t/s}}^2+\delta_{\mathrm{s}}^2)$$

式中，$\delta_{t/s}^2$ 为种子园间的方差分量，δ_s^2 为种子园内的方差分量。

估算无性系来源群体的遗传力 h^2，以无性系均值超过性状总均值 1 个标准差（σ_A）为入选标准估算遗传增益。

现实增益（r）：

$$r=(S/\overline{x})\times 100\%$$

遗传增益（ΔG）：

$$\Delta G=(h^2\times S/\overline{x})\times 100\%$$

$$i=S/\sigma_A$$

$$\Delta G=(ih^2\sigma_A/\overline{x})\times 100\%$$

式中，S 为性状值选择差，$\overline{x}$ 为性状均值，i 为选择强度，σ_A 为选择性状的标准差。

因为 4 个种子园中的立地条件不一致，所以，在进行相关分析时，4 个无性系种子园分别进行数量性状遗传相关分析，采用单因素遗传设计方差——协方差方法。

4.2　红松种实性状的变异分析

4.2.1　红松球果、种子形态特征的变异分析

研究红松种子形态性状的变异表明（表 4-3），变异系数在 8.40%～17.81%。种长的变异系数最小（8.40%），种长的平均值为 14.24mm，种仁重的变异系数最大（17.81%），种仁重平均值为 0.182g/粒。分析球果性状（仅对鹤岗种子园及苇河种子园的各 15 个无性系的出种率、单株球果重、单株种子重做了调查），单株种子重、单株球果重变异系数较大，分别为 39.12%、38.83%，出种率指标变异系数最小，为 12.96%。

表 4-3　红松种实性状的平均值与变异系数

性状	平均值	变异系数/%	标准差	性状	平均值	变异系数/%	标准差
出仁率/%	34.65	11.09	3.84	单株球果重/kg	11.2	38.83	4.35
千粒重/g	524.94	14.54	76.33	含水率/%	4.22	32.01	1.35
种仁重/（g/粒）	0.182	17.81	0.03	灰分含量/%	4.99	39.52	1.97

续表

性状	平均值	变异系数/%	标准差	性状	平均值	变异系数/%	标准差
种皮重/（g/粒）	0.344	15.94	0.05	粗纤维含量/%	4.82	31.22	1.50
种仁重/种皮重	0.531	17.80	0.09	油脂含量/%	56.76	10.79	6.12
种长/mm	14.24	8.40	1.20	蛋白质含量/%	7.99	29.82	2.38
种宽/mm	8.84	12.51	1.11	多糖含量/%	11.74	23.49	2.76
长宽比	1.63	12.47	0.20	碳水化合物含量/%	9.56	68.88	6.58
出种率/%	33.5	12.96	4.34	多酚含量/（mg/g）	71.35	33.92	24.20
单株种子重/kg	3.81	39.12	1.49	黄酮含量/（mg/g）	10.59	32.25	3.42

4.2.2 种仁营养成分的变异分析

种仁中的主要成分为油脂、蛋白质、多糖、灰分、粗纤维、水分、碳水化合物，研究红松 60 个无性系的种仁成分，由表 4-3 可知，各成分含量的平均值分别为：油脂 56.76%，蛋白质 7.99%，多糖 11.74%，含水率 4.22%，灰分 4.99%，粗纤维 4.82%，碳水化合物 9.56%，其中油脂含量最高。红松是含油量较高的木本油料树种。种仁营养成分的变异研究表明，油脂含量的变异系数最小（10.79%），碳水化合物的变异系数最大（68.88%）。

4.2.3 种壳活性物质的变异分析

通过测定红松种壳中的多酚及黄酮含量可知，多酚含量和黄酮含量变异系数相近，分别为 33.92%和 32.25%，平均值分别为 71.35mg/g 和 10.59mg/g（表 4-3）。

4.3 红松种实性状在种子园间的差异分析

红松种实各性状在种子园间和种子园内的差异分析见表 4-4。17 个性状指标中，除种长、种宽及种子长宽比指标在种子园间差异不显著外，其余性状在种子园间及种子园无性系内均达到差异显著或极显著水平，表明红松种实性状在种子园间或是种子园内均存在广泛的变异。

表 4-4 红松种实性状方差分析结果

性状	均方（自由度）			F	
	种子园间	种子园内	随机误差	种子园间	种子园内
出仁率	194.52（3）	33.496（56）	5.964（180）	5.81^{**}	5.62^{**}
千粒重	73 079（3）	16 164（56）	148 6（180）	4.52^{**}	10.88^{**}

续表

性状	均方（自由度）			F	
	种子园间	种子园内	随机误差	种子园间	种子园内
种仁重	0.010 8（3）	0.002 5（56）	0.000 4(180)	4.29**	5.87**
种皮重	0.042 7（3）	0.008 4（56）	0.000 7(180)	5.10**	12.71**
种仁重/种皮重	0.119 7（3）	0.017 8（56）	0.004 6(180)	6.73**	3.90**
种长	0.360 3（3）	2.521 9（56）	0.150 2(180)	0.14	16.79**
种宽	1.123 1（3）	1.308 9（56）	0.126 3(180)	0.86	10.36**
长宽比	0.023 5（3）	0.018 3（56）	0.005（180）	1.28	3.66**
油脂含量	1 075.16（3）	55.83（56）	3.04（120）	19.26**	18.35**
蛋白质含量	98.46（3）	12.73（56）	0.084（120）	7.73**	151.07**
多糖含量	59.508（3）	20.536（56）	0.262（120）	2.90*	78.3**
含水率	18.582 2（3）	4.069 2（56）	0.356 6(120)	4.57**	11.41**
灰分含量	90.838（3）	5.781（56）	0.827（120）	15.71**	6.99**
粗纤维含量	39.685 9（3）	4.592 5（56）	0.126 5(120)	8.64**	36.3**
碳水化合物含量	478.53（3）	106.81（56）	2.94（120）	4.48**	36.34**
多酚含量	172.503（3）	9.428（56）	0.028（120）	18.30**	340.25**
黄酮含量	84.271（3）	32.363（56）	0.183（120）	2.60*	177.05**

**表示差异极显著（P<0.01），*表示差异显著（P<0.05）；本章表同

由不同种子园红松各表型性状的均值及多重比较结果得出（表 4-5），苇河种子园的出仁率最高（37.0%），林口种子园的出仁率最低（32.64%）；鹤岗和林口种子园的千粒重较高，分别为 556.03g、546.39g；苇河和林口种子园的种长较长，分别为 14.30mm、14.29mm；林口种子园的种宽最宽（9.02mm），鹤岗、铁力、苇河种子园的种宽较小，且差异不明显。

表 4-5　各种子园的红松种子表型性状分析及多重比较

地点	出仁率/%	千粒重/g	种仁重/（g/粒）	种皮重/（g/粒）	种仁重/种皮重	种长/mm	种宽/mm	长宽比	出种率/%	单株种子重/kg	单株球果重/kg
鹤岗	34.64（5.78）B	556.03（10.13）A	0.192（10.61）A	0.362（11.0）A	0.531（9.01）B	14.25（8.30）	8.84（12.19）	1.63（12.9）	35.4（9.42）	3.79（25.13）	10.6（22.99）
林口	32.64（9.14）C	546.39（11.74）A	0.179（16.3）B	0.382（11.63）A	0.468（13.09）C	14.29（8.18）	9.02（11.55）	1.60（11.96）	—	—	—
铁力	34.33（12.96）B	478.1（17.43)C	0.164（21.9）C	0.310（18.62）C	0.529（18.12）B	14.12（8.41）	8.69（12.67）	1.65（12.62）	—	—	—
苇河	37.0（11.23A	519.24（14.47)B	0.192（17.56）A	0.322（17.03）B	0.596（20.71）A	14.30（8.66）	8.83（13.33）	1.64（12.44）	31.7（14.34）	3.83（50.17）	11.9（47.9）

注：括号内的数字代表变异系数（%）；不同字母间表示具有显著差异（P<0.05），表 4-6、表 4-7 同此

研究红松种仁中的各营养组分表明，油脂含量最高，可知，红松是含油量较

高的木本油料树种。不同种子园的种仁各种营养组分的均值及多重比较见表 4-6，种仁的营养成分含量在种子园间差异显著，碳水化合物的变异系数最大，为 68.88%，其次为灰分（39.52%）、含水率（32.01%）、粗纤维（31.22%）、蛋白质（29.82%）、多糖（23.49%），油脂含量较为稳定，变异系数最小，为 10.79%（表 4-3）。林口种子园的油脂、蛋白质含量最高，分别为 63.44%、9.60%；苇河种子园的多糖、碳水化合物、灰分、粗纤维含量最高，分别为 13.32%、11.84%、6.44%、5.64%。

表 4-6　种仁营养成分相对比例的变异分析与多重比较　　（单位：%）

地点	含水率	灰分含量	粗纤维含量	油脂含量	蛋白质含量	多糖含量	碳水化合物含量
鹤岗	4.02（24.40）B	5.77（24.5）B	5.00（28.55）B	55.28（10.25）C	7.34（34.12）C	11.03（15.47）C	11.56（54.32）A
林口	4.75（30.77）A	3.22（50.79）D	3.42（35.81）D	63.44（3.89）A	9.60（17.27）A	10.76（22.64）C	4.82（80.66）C
铁力	3.41（12.88）C	4.53（34.65）C	4.89（26.24）C	56.55（6.76）B	8.77（22.92）B	11.83（17.89）B	10.04（60.30）A
苇河	4.72（35.9）A	6.44（24.47）A	5.64（17.81）A	51.77（9.95）D	6.28（29.22）D	13.32（27.62）A	11.84（61.35）B

通过测定红松种壳中的多酚及黄酮含量（表 4-7），苇河种子园的多酚含量最高（91.65mg/g），林口种子园的多酚含量最低（51.01mg/g）；林口种子园的黄酮含量最高（11.91mg/g），鹤岗种子园的黄酮含量最低（9.25mg/g）。

表 4-7　种壳活性成分分析　　（单位：mg/g）

地点	鹤岗	林口	铁力	苇河
多酚含量	58.65（13.09）C	51.01（27.93）D	84.12（27.30）B	91.65（22.31）A
黄酮含量	9.25（24.23）D	11.91（35.49）A	11.62（34.82）B	9.58（16.25）C

研究种子园间红松种实各性状的变异程度可知，红松种实性状在种子园间存在丰富变异。由表 4-5～表 4-7 还可得出，在各种子园内红松种实不同性状的变异系数也有较大的差异，铁力种子园在出仁率、千粒重、种仁重、种皮重的指标中变异系数均最大，苇河种子园在种长、种宽、种仁重/种皮重、多糖的指标中变异系数最大，鹤岗种子园的长宽比、油脂、蛋白质的变异系数最大，林口种子园在多酚含量、黄酮含量、含水率、灰分、粗纤维、碳水化合物的变异系数均最大。结果表明红松种实自身存在丰富的遗传变异，且不同种子园的环境异质性增强了

种实性状变异的差异，为红松种质资源选育提供了有利条件。

4.4　种实性状在种子园间的表型分化

按巢氏设计将表型变异加以分解，分别计算种子园间、种子园内方差分量占总变异的百分比，结果见表 4-8，红松种实各性状中，种子园间平均表型方差分量占总变异的 25.04%，种子园内无性系间方差分量占总变异的 58.30%。种子园间表型分化系数 V_{st}（种子园间的方差分量占种子园间和种子园内方差分量之和的比例）为 9.71%～60.24%，油脂含量、灰分含量、多酚含量的种子园间变异大于种子园内变异（V_{st}>50%），其余性状均是种子园间变异小于种子园内变异。种子园间平均表型分化系数为 29.82%，小于种子园内变异（70.18%），种子园内变异是红松种实性状的主要来源，种子园内的多样性程度大于种子园间的多样性。这反映出种子园基因与环境相互作用的复杂性及其适应环境的程度，是不同环境选择的结果，是分化的源泉。

表 4-8　红松种实性状的表型分化参数

性状	方差分量			方差分量百分比/%			V_{st}/%
	$\delta^2_{t/s}$	δ^2_s	δ^2_e	$P_{t/s}$	P_s	P_e	
出仁率	2.683 7	6.883	5.964	17.28	44.32	38.40	28.05
千粒重	948.58	3 669	1 486	15.54	60.11	24.35	20.54
种仁重	0.000 14	0.000 5	0.000 4	12.68	47.79	39.52	20.97
种皮重	0.000 57	0.001 9	0.000 7	18.09	61.04	20.87	22.86
种仁重/种皮重	0.001 7	0.003 3	0.004 6	17.76	34.59	47.65	33.93
油脂含量	26.652	17.594	3.043	56.36	37.21	6.43	60.24
蛋白质含量	1.905 1	4.215 3	0.084 3	30.70	67.94	1.36	31.13
多糖含量	0.866	6.757 9	0.262 3	10.98	85.69	3.33	11.36
含水率	0.322 5	1.237 5	0.356 6	16.83	64.57	18.61	20.67
灰分含量	1.890 2	1.651 3	0.826 7	43.27	37.80	18.93	53.37
粗纤维含量	0.779 6	1.488 7	0.126 5	32.55	62.16	5.28	34.37
碳水化合物含量	6.882 7	34.624	2.939	15.49	77.90	6.61	16.58
多酚含量	3.623 9	3.133 5	0.027 7	53.41	46.18	0.41	53.63
黄酮含量	1.153 5	10.726 8	0.182 8	9.56	88.92	1.52	9.71
平均				25.04	58.30	16.66	29.82

4.5 种实性状间的相关分析和通径分析

4.5.1 种实性状相关分析

由于不同种群具有不同遗传背景，为了解红松种实性状间的相互关系，每个无性系种子园单独进行相关分析，分别对每个种子园的 15 个无性系的种实性状进行了表型相关、遗传相关分析（表 4-9～表 4-12）。结果表明，4 个不同种子园中千粒重与种仁重、种皮重、种长的表型相关和遗传相关均呈显著正相关；出仁率与种仁重、种长间虽没有达到显著水平，但是共同表现出正相关关系；除苇河种子园种仁重与种长遗传不相关外，其余 3 个种子园种仁重与种皮重、种长均呈显著正相关；除鹤岗种子园外，其余 3 个种子园种皮重与种长呈极显著正相关；种长与种宽均呈极显著正相关。说明提高种长能够同时提高种仁重、千粒重和种宽，同时会获得种壳重的相应增加，会使出仁率指标有所增加。种实表型性状与种仁营养成分之间在表型相关和遗传相关方面没有表现出显著的相关关系，表明种实表型性状与种仁营养成分之间内在的遗传基础联系不密切，容易受环境效应的影响。营养组分中碳水化合物与油脂含量、蛋白质含量、多糖含量均呈显著负相关，即降低碳水化合物含量能够提高油脂含量、蛋白质含量和多糖含量。

4.5.2 主要种实性状对油脂含量的多元回归分析

分别以 4 个种子园的红松种实性状为自变量（X），出仁率（X_1）、千粒重（X_2）、种仁重（X_3）、种皮重（X_4）、种仁重/种皮重（X_5）、种长（X_6）、种宽（X_7）、长宽比（X_8）、蛋白质含量（X_9）、多糖含量（X_{10}）、含水率（X_{11}）、灰分含量（X_{12}）、粗纤维含量（X_{13}）、碳水化合物含量（X_{14}），种仁油脂含量为因变量（Y），因变量 Y 经检验符合正态分布，可进行多元回归，舍去回归系数不显著的自变量，最后得到最佳回归方程，分别为

$$Y_{HG}=45.12+18.421X_8-0.723X_{11}-1.485X_{12}-0.729X_{14}\ (R=0.990^{**})$$

$$Y_{LK}=94.003+18.199X_8-0.117X_{12}-0.297X_{14}\ (R=0.793^{**})$$

$$Y_{TL}=65.851+17.221X_8-0.895X_{13}-0.502X_{14}\ (R=0.871^{**})$$

$$Y_{WH}=89.445+18.5031X_8-0.635X_9-0.793X_{10}-1.354X_{11}-1.009X_{12}-0.857X_{14}\ (R=0.988^{**})$$

表 4-9　鹤岗种子园种实性状间的相关关系

性状	出仁率	千粒重	种仁重	种皮重	种长	种宽	长宽比	油脂含量	蛋白质含量	多糖含量	含水率	灰分含量	粗纤维含量	碳水化合物含量
出仁率		−0.230	0.284	−0.467*	0.333	0.540**	−0.272	−0.235	−0.228	0.127	0.020	−0.032	0.401*	0.278
千粒重	−0.304		0.867**	0.968**	0.346*	−0.219	0.524**	−0.130	−0.019	−0.418*	0.130	0.008	−0.263	0.127
种仁重	0.206	0.869**		0.700**	0.501**	0.038	0.389	−0.228	−0.116	−0.360	0.150	−0.003	−0.048	0.231
种皮重	−0.518	0.972**	0.703**		0.233	−0.327	0.538**	−0.067	0.032	−0.405*	0.107	0.013	−0.346	0.065
种长	0.440	0.421*	0.657**	0.272		0.453*	0.352*	0.119	0.126	−0.301	−0.306	−0.342	−0.263	0.051
种宽	0.919	−0.343	0.101	−0.522**	0.577**		−0.623**	−0.323	0.040	−0.078	−0.108	−0.053	0.273	0.208
长宽比	−0.713	0.893**	0.556	0.963**	0.425	−0.505**		0.425*	0.048	−0.206	−0.135	−0.278	−0.453*	−0.109
油脂含量	−0.306	−0.117	−0.260	−0.038	0.179	−0.401	0.695		0.626**	0.138	−0.062	−0.598**	−0.609**	−0.905**
蛋白质含量	−0.340	0.043	−0.123	0.117	0.248	0.077	0.157	0.606		−0.384	−0.201	−0.187	−0.419*	−0.727**
多糖含量	0.199	−0.496	−0.420	−0.487	−0.411	−0.088	−0.395	0.082	−0.476		−0.155	−0.080	−0.133	−0.69**
含水率	−0.098	0.202	0.166	0.201	−0.228	−0.039	−0.185	−0.065	0.085	−0.275		0.040	0.296	−0.122
灰分含量	−0.042	0.037	0.022	0.041	−0.409	−0.077	−0.393	−0.655	−0.091	−0.142	0.077		0.492**	0.297
粗纤维含量	0.487	−0.308	−0.054	−0.401	−0.318	0.349	−0.727	−0.610	−0.375	−0.116	0.258	0.534		0.375
碳水化合物含量	0.223	0.219	0.356	0.026	0.018	0.198	−0.189	−0.778	−0.654	−0.069	−0.112	0.203	0.338	

注：右上角部分和左下角部分分别表示表型相关系数和遗传相关系数；表 4-10～表 4-12 同此

表 4-10　林口种子园种实性状间的相关关系

性状	出仁率	千粒重	种仁重	种皮重	种长	种宽	长宽比	油脂含量	蛋白质含量	多糖含量	含水率	灰分含量	粗纤维含量	碳水化合物含量
出仁率		0.248	0.739**	−0.135	0.175	−0.010	0.303	−0.127	0.348*	−0.020	−0.343*	−0.165	0.157	0.08
千粒重	0.229		0.831**	0.924**	0.863**	0.766**	0.105	0.187	−0.026	−0.136	−0.175	−0.042	0.009	0.123
种仁重	0.741	0.819**		0.553**	0.686**	0.512**	0.247	0.030	0.179	−0.099	−0.249	−0.135	0.084	0.134
种皮重	−0.166	0.920**	0.526**		0.819**	0.793**	−0.012	0.257	−0.161	−0.135	−0.090	0.029	−0.044	0.094
种长	0.134	0.905**	0.693**	0.866**		0.818**	0.235	−0.122	−0.132	−0.140	−0.222	0.118	−0.058	0.288
种宽	−0.102	0.822**	0.499**	0.875	0.843**		−0.366	0.230	−0.170	−0.075	−0.282	−0.022	−0.238	0.174
长宽比	0.440	0.075	0.304	−0.098	0.202	−0.357		0.444*	0.093	−0.103	0.125	0.207	0.304	0.146
油脂含量	−0.177	0.231	0.029	0.319	−0.160	0.239	0.716		0.247	0.215	−0.324	−0.36	0.083	−0.458*
蛋白质含量	0.378	−0.031	0.197	−0.180	−0.156	−0.218	0.152	0.262		0.393	−0.254	−0.563*	0.098	−0.627**
多糖含量	0.003	−0.137	−0.088	−0.143	−0.157	−0.118	−0.061	0.199	0.413		−0.177	−0.475*	−0.176	−0.693**
含水率	−0.240	−0.204	−0.217	−0.154	−0.285	−0.377	0.195	−0.396	−0.184	−0.126		0.058	−0.285	0.092
灰分含量	−0.230	−0.063	−0.194	0.039	0.118	−0.043	0.277	−0.479	−0.662	−0.563**	0.037		0.091	0.369
粗纤维含量	0.111	0.022	0.069	−0.015	−0.030	−0.168	0.253	0.113	0.066	−0.194	−0.350	0.102		−0.209
碳水化合物含量	0.075	0.113	0.125	0.084	0.256	0.144	0.126	−0.443	−0.608	−0.652	0.082	0.336	−0.188	

表 4-11　铁力种子园种实性状间的相关关系

性状	出仁率	千粒重	种仁重	种皮重	种长	种宽	长宽比	油脂含量	蛋白质含量	多糖含量	含水率	灰分含量	粗纤维含量	碳水化合物含量
出仁率		−0.098	0.510^{**}	-0.421^{*}	0.388	−0.061	-0.439^{*}	0.320	0.074	−0.104	-0.446^{*}	−0.327	0.026	0.288
千粒重	−0.126		0.805^{**}	0.943^{**}	0.738^{**}	0.748^{**}	−0.243	−0.304	−0.320	0.022	0.043	0.212	0.183	0.231
种仁重	0.471	0.815^{**}		0.562^{*}	0.403^{*}	0.615^{**}	-0.482^{*}	−0.097	−0.236	−0.060	−0.208	−0.018	0.144	0.394
种皮重	−0.431	0.949^{**}	0.590^{**}		0.803^{**}	0.699^{**}	−0.070	−0.369	−0.314	0.064	0.176	0.305	0.174	0.102
种长	0.392	0.776^{**}	0.457^{*}	0.832^{**}		0.806^{**}	0.024	−0.262	−0.217	0.316	0.232	0.240	0.258	−0.093
种宽	−0.057	0.841^{**}	0.716^{**}	0.781^{**}	0.881^{**}		-0.569^{**}	−0.197	-0.421^{*}	0.028	0.283	−0.032	0.063	0.184
长宽比	−0.550	−0.451	−0.730	−0.231	−0.160	-0.605^{**}		0.144	0.396	0.355	−0.139	0.355	0.225	−0.185
油脂含量	0.324	−0.389	−0.180	−0.443	−0.375	−0.368	0.070		0.186	0.537^{*}	−0.138	−0.215	−0.203	-0.826^{**}
蛋白质含量	0.076	−0.365	−0.283	−0.355	−0.264	−0.461	0.503	0.232		0.261	0.005	−0.116	0.084	-0.552^{*}
多糖含量	−0.111	−0.086	−0.158	−0.033	0.126	−0.169	0.540	0.629	0.299		0.111	0.093	−0.072	-0.802^{**}
含水率	−0.566	0.213	−0.115	0.360	0.457	0.601	−0.460	−0.315	−0.009	−0.038		−0.214	−0.414	−0.152
灰分含量	−0.316	0.305	0.080	0.381	0.336	0.074	0.371	−0.324	−0.163	−0.022	−0.133		0.367	−0.156
粗纤维含量	0.026	0.048	0.031	0.050	0.051	−0.159	0.408	0.169	0.136	0.095	−0.652	0.216		−0.107
碳水化合物含量	0.256	0.221	0.364	0.092	−0.088	0.144	−0.145	−0.803	−0.525	−0.774	−0.133	−0.135	−0.100	

表 4-12　苇河种子园种实性状间的相关关系

性状	出仁率	千粒重	种仁重	种皮重	种长	种宽	长宽比	油脂含量	蛋白质含量	多糖含量	含水率	灰分含量	粗纤维含量	碳水化合物含量
出仁率		−0.323	0.159	−0.531**	0.475*	−0.422*	0.137	−0.090	−0.316	−0.368	0.232	−0.190	−0.026	0.186
千粒重	−0.439		0.878**	0.972**	0.448*	0.208	0.172	0.260	0.391	0.104	−0.277	0.478*	0.253	−0.348
种仁重	0.061	0.869**		0.738**	0.232	0.036	0.205	0.228	0.225	−0.094	−0.167	0.412*	0.229	−0.545*
种皮重	−0.625	0.975**	0.733**		0.514**	0.274	0.141	0.252	0.439*	0.192	−0.306	0.468*	0.243	−0.174
种长	0.363	0.472*	0.289	0.514**		0.767**	−0.001	0.127	0.265	0.283	−0.139	0.471*	−0.346	−0.468
种宽	−0.424	0.233	0.060	0.290	0.757**		−0.639**	0.277	0.169	0.281	−0.246	0.264	−0.423*	−0.299
长宽比	0.258	0.167	0.232	0.124	0.017	−0.639**		0.227	0.011	−0.120	0.236	0.165	0.207	−0.034
油脂含量	−0.077	0.304	0.288	0.285	0.147	0.290	0.303		0.539*	0.381	−0.416*	−0.256	−0.244	−0.797**
蛋白质含量	0.056	0.237	0.222	0.224	0.334	0.078	0.230	0.461		0.106	−0.468*	0.007	−0.276	−0.608*
多糖含量	−0.165	0.047	−0.092	0.105	0.329	0.240	−0.010	0.410	0.231		−0.699**	0.459*	−0.369	−0.778**
含水率	0.389	−0.342	−0.183	−0.384	−0.066	−0.280	0.374	−0.735	−0.161	−0.514		−0.478*	0.293	0.375
灰分含量	−0.228	0.519**	0.446**	0.508**	0.487**	0.293	0.137	−0.046	0.003	0.457	−0.472		−0.122	−0.017
粗纤维含量	0.021	0.247	0.254	0.223	−0.339	−0.465	0.284	−0.275	−0.193	−0.335	0.310	−0.134		0.194
碳水化合物含量	0.204	−0.336	−0.567**	−0.144	−0.433	−0.266	−0.029	−0.788	−0.709	−0.822	0.398	−0.011	0.199	

多元回归分析表明：鹤岗种子园中长宽比（X_8）、含水率（X_{11}）、灰分含量（X_{12}）、碳水化合物含量（X_{14}）是影响其油脂含量的主要因素；林口种子园中长宽比（X_8）、灰分含量（X_{12}）、碳水化合物含量（X_{14}）是影响其油脂含量的主要因素；铁力种子园中长宽比（X_8）、粗纤维含量（X_{13}）、碳水化合物含量（X_{14}）是影响其油脂含量的主要因素；苇河种子园中长宽比（X_8）、蛋白质含量（X_9）、多糖含量（X_{10}）、含水率（X_{11}）、灰分含量（X_{12}）、碳水化合物含量（X_{14}）是影响其油脂含量的主要因素。4 个种子园中长宽比和碳水化合物含量均为影响油脂含量的主要因素，说明在育种中可通过控制长宽比与碳水化合物含量提高种仁油脂含量。

4.5.3　种实性状对油脂含量的通径分析

以红松主要种实性状对油脂含量进行通径分析，探讨不同性状对油脂含量的直接效应和间接效应。通径分析结果（表 4-13～表 4-16）与 4 个种子园的多元回归分析结果相同。4 个种子园中均是长宽比（X_8）对油脂含量的直接效应最大。而苇河种子园中蛋白质含量（X_9）、多糖含量（X_{10}）对油脂含量的直接效应较小，主要是通过碳水化合物含量的间接效应共同影响。

表 4-13　鹤岗种实性状对油脂含量的通径分析

性状	相关系数	直接效应	间接效应			
			$X_8 \to Y$	$X_{11} \to Y$	$X_{12} \to Y$	$X_{14} \to Y$
长宽比（X_8）	0.352	0.168		0.014	0.081	0.088
含水率（X_{11}）	−0.062	−0.114	−0.021		−0.026	0.099
灰分含量（X_{12}）	−0.598*	−0.302	−0.045	−0.010		−0.241
碳水化合物含量（X_{14}）	−0.905**	−0.811	−0.018	0.014	−0.090	

表 4-14　林口种实性状对油脂含量的通径分析

性状	相关系数	直接效应	间接效应		
			$X_8 \to Y$	$X_{12} \to Y$	$X_{14} \to Y$
长宽比（X_8）	0.444	0.531		−0.012	−0.075
灰分含量（X_{12}）	−0.360	−0.052	−0.117		−0.190
碳水化合物含量（X_{14}）	−0.458	−0.516	0.078	−0.019	

表 4-15 铁力种实性状对油脂含量的通径分析

性状	相关系数	直接效应	间接效应		
			X_8→Y	X_{13}→Y	X_{14}→Y
长宽比（X_8）	0.144	0.076		−0.089	0.157
粗纤维含量（X_{13}）	−0.203	−0.315	0.022		0.091
碳水化合物含量（X_{14}）	−0.826**	−0.846	−0.014	0.034	

表 4-16 苇河种实性状对油脂含量的通径分析

性状	相关系数	直接效应	间接效应					
			X_8→Y	X_9→Y	X_{10}→Y	X_{11}→Y	X_{12}→Y	X_{14}→Y
长宽比（X_8）	0.227	0.415		−0.062	0.018	−0.184	−0.004	0.043
蛋白质含量 （X_9）	0.539*	−0.246	0.104		−0.143	−0.047	0.099	0.772
多糖含量 （X_{10}）	0.381	−0.618	−0.012	−0.057		0.141	−0.060	0.987
含水率 （X_{11}）	−0.416	−0.400	0.190	−0.029	0.218		0.081	−0.476
灰分含量（X_{12}）	−0.256	−0.340	0.005	0.072	−0.110	0.095		0.022
碳水化合物含量（X_{14}）	−0.797**	−1.269	−0.014	0.150	0.481	−0.150	0.006	

4.6 种实性状的遗传参数估算

以红松无性系种子园作为研究单元，可从红松分布整体上进行性状评价，以无性系均值超过各性状总均值 1 个标准差为入选标准，见表 4-17，估算无性系群体遗传力水平为 21.88%～94.81%，选择强度为 1.37～1.75，性状选择的现实增益为 1.42%～51.71%，长宽比的现实增益最小，为 1.42%，其他性状的现实增益均在 10%以上，油脂含量的现实增益为 15.25%，蛋白质含量增益高达 39.09%。这表明，通过对优良无性系进行性状选择并进行无性繁殖能获得较高的现实增益。

表 4-17 红松种实性状遗传参数估算

性状	出仁率	千粒重	种仁重	种皮重	种仁重/种皮重	长宽比	多酚含量	黄酮含量	油脂含量	蛋白质含量	多糖含量
入选率/%	13.33	21.67	16.67	16.67	13.33	16.67	18.33	10.00	13.33	15.00	18.33
选择强度	1.63	1.37	1.49	1.49	1.63	1.49	1.46	1.75	1.63	1.56	1.46
现实增益 ΔG/%	11.24	13.04	15.42	13.12	19.42	1.42	51.71	46.12	15.25	39.09	24.86
遗传力/%	82.79	77.88	76.69	80.39	85.14	21.88	94.54	61.54	94.81	87.06	65.52

4.7 结 论

植物的表型性状在长期的压力选择下反映出个体基因型对环境变化的适应能力，体现为表型变异，其在适应和进化上有重要意义（Pigliucci，2006）。遗传变异是遗传信息的重要表征，体现为生物逐渐适应环境和不断进化的产物（柴春山等，2013）。种实性状表型变异即决定着种群的分布格局，也是人类开发利用的重要经济性状，在林木良种选育中具有重要意义（Greipsson and Davy，1995；刘志龙等，2009）。在植物种实性状的研究中，对遗传改良具有重要意义的经济性状应注重变异的分析，寻找优良的遗传材料。本研究中，红松种实性状的变异幅度为8.40%～68.88%，表明红松种质资源存在较大的变异性。

相关分析结果表明，在不同的立地条件下，千粒重与种仁重、种皮重、种长，出仁率与种仁重、种长，种仁重与种皮重、种长，种皮重与种长，种长与种宽，种宽与长宽比，营养组分中碳水化合物与油脂含量、蛋白质含量、多糖含量，油脂与蛋白质、多糖含量，这些指标的相关关系非常稳定。同时表明，种实表型性状与种仁营养成分之间在表型相关和遗传相关方面没有表现出显著的相关关系，表明种实表型性状与种仁营养成分之间内在的遗传基础联系不密切，容易受环境效应的影响。在性状改良时，提高种长能够同时提高种仁重量、千粒重和种宽，同时会获得种壳重的相应增加，会使出仁率指标有所增加；当降低碳水化合物含量时能够提高油脂含量、蛋白质含量和多糖含量。通径分析与多元回归分析均表明，种子长宽比和碳水化合物均为 4 个种子园中影响油脂的主要因素，其中长宽比的直接作用最大。由于采样立地条件不同，群体内采样数偏少，测得的居群内变异水平可能偏大，造成表型与遗传变异不一致（孙海芹等，2005），必然造成不同种子园种实性状间的相关性具有不一致性，相比较而言，群体内无性系间的生境差异相对群体间小得多，其差异中环境影响所占的比例极其微小，而更多可能受植株内在遗传因子所决定，但还需进一步研究群体内部遗传变异的模式与空间分布格局，以及与种实性状的关系，才能够充分揭示群体内表型变异产生的真正原因。为更好地揭示群体间的遗传差异，探究变异模式，还需要借助遗传标记和苗期试验（陈香波等，2010）。

红松种子营养组分表明，红松油脂含量为56.76%，蛋白质含量为7.99%，是具有较高经济价值的油料树种。种仁中的油脂含量与核桃中的油脂含量相当，显著高于榛子、山杏、文冠果、阿月浑子、油棕等。本研究来自 4 个不同的种子园无性系，红松种实性状受遗传控制程度较强，受特殊环境效应影响较小，无性系间的性状差异主要是遗传效应和永久环境效应造成的。以无性系均值超过各性状总均值 1 个标准差为入选标准，能获得较高的现实增益（1.42%～51.71%）。红松具有较高的仁用开发价值，在 4 个种子园中，林口种子园无性系的油脂含量（63.44%）、蛋白质含量（9.60%）、黄酮含量（11.91mg/g）最高，分别高于总均值 11.77%、20.04%、12.46%，苇河种子园的多糖含量（13.32%）、多酚含量（91.65mg/g）最高，分别高于总均值 13.51%、28.44%；红松形态性状平均值分别为：种长 14.24mm、种宽 8.84mm、出仁率 34.65%、千粒重 524.94g。在 4 个种子园中，苇河种子园的出仁率最高（37.0%），种仁重较高（0.192g/粒），种长最长（14.30mm），分别高于总均值 6.77%、5.64%、0.4%，鹤岗种子园的千粒重最重（556.03g），种仁重较高（0.192g/粒），分别高于总均值 5.64%、5.92%。因此，可结合仁用价值开发和无性系选择策略合理经营与管理种子园。本研究根据红松种实性状的变异结构，主要经济性状及其通径分析，在不同无性系种子园经营中，林口种子园的出仁率、千粒重、种长、种宽、油脂含量、蛋白质含量及黄酮含量为种子园种实性状改良的重要指标；苇河种子园的出仁率、种长、种宽、多糖含量及多酚含量改良效果较好；鹤岗种子园的千粒重、长宽比、油脂及蛋白质的改良潜力较高；铁力种子园的出仁率、千粒重、种仁重的改良潜力较高。

第 5 章　红松种仁脂肪酸组分的变异研究

红松种仁是一种营养价值很高的果品，含有大量的脂肪。内在品质是鉴定木本食用油料植物果实商品性和实用性优劣的重要标志，种仁中的油脂含量与核桃中的油脂含量相当。目前，研究表明红松种仁中的脂肪酸主要以三酰甘油的形式存在，其中不饱和脂肪酸的含量达 90%以上，松子油中含量最高的是亚油酸，其次是油酸，种仁中含有的多不饱和脂肪酸可消除体内胆固醇沉积、软化血管、调整和降低血脂等，对心血管系统有保护作用。前期学者主要针对种仁油中的脂肪酸成分及其位置分布特点进行研究，而在不同产地及不同无性系间脂肪酸成分含量的差异研究甚少。通过对红松 4 个不同产地种子园间种仁营养成分检测，探讨红松脂肪酸成分在群体间和群体内无性系间的变异，在相关分析基础上阐明有密切关联的经济性状，为多性状的联合选择选育高油脂无性系，为仁用红松优良种质的选育提供理论支撑和优良种质材料。

5.1　种仁中脂肪酸组分的变异分析

红松种仁的油脂含量为 56.76%，为含油量较高的可食用木本油料树种。种仁脂肪酸种类丰富，采用气相色谱-质谱联用仪对 4 个种子园（60 个无性系）的种仁油脂进行色谱分析，由表 5-1 可知，可检测到 11 种脂肪酸，包括 5 种饱和脂肪酸和 6 种不饱和脂肪酸。饱和脂肪酸分别为：十四烷酸（myristic acid，C14:0）、软脂酸（palmitic acid，C16:0）、十七烷酸（margaric acid，C17:0）、硬脂酸（stearic acid，C18:0）、花生酸（arachidic acid，C20:0），平均含量分别为 0.04%、7.12%、0.07%、4.11%、0.71%。不饱和脂肪酸分别为：棕榈油酸（palmitoleic acid，C16:1Δ9c）、油酸（oleic acid，C18:1Δ9c）、二十碳一烯酸（gadoleic acid，C20:1Δ9c）、亚油酸（linoleic acid，C18:2Δ9c,12c）、松油酸（α-linolenic acid，C18:3Δ9c,12c,15c）、二十碳二烯酸（eicosadienoic acid，C20:2Δ11c,14c），平均含量分别为 0.16%、22.66%、2.15%、42.02%、16.64%、1.04%。饱和脂肪酸（∑SFA）的平均含量为 12.05%，其中 C16:0 含量最高。对人类食用有益的不饱和脂肪酸总量（∑USFA）的平均含量为 84.67%，不饱和脂肪酸中包括单不饱和脂肪酸（∑MUFA）和多不饱和脂肪酸（∑PUFA），含量分别为 24.97%、59.70%。不饱和脂肪酸以亚油酸（C18:2Δ9c,12c）含量最高，达到 42.02%，其次为油酸（C18:1Δ9c）、松油酸（C18:3Δ9c,12c,15c）、二十碳一烯酸（C20:1Δ9c）、二十碳二烯酸（C20:2Δ11c,14c）、棕榈油酸（C16:1Δ9c）。

表 5-1　脂肪酸成分的平均含量与变异系数　　　（单位：%）

性状	平均含量	变异系数	标准差	最小值	最大值	性状	平均含量	变异系数	标准差	最小值	最大值
C14:0	0.04	66.83	0.03	0.03	0.09	C18:2	42.02	2.24	0.94	37.55	43.75
C16:0	7.12	7.24	0.52	6.15	9.96	C18:3	16.64	7.61	1.27	14.7	24.45
C17:0	0.07	24.05	0.02	0.06	0.15	C20:2	1.04	19.26	0.20	0.27	1.61
C18:0	4.11	10.22	0.42	3.26	5.02	∑SFA	12.05	6.90	0.83	10.19	14.66
C20:0	0.71	12.58	0.09	0.29	0.95	∑MUFA	24.97	7.59	1.90	19.07	28.21
C16:1	0.16	25.15	0.04	0.09	0.28	∑PUFA	59.70	2.20	1.31	56.29	63.46
C18:1	22.66	9.01	2.04	16.21	26.2	∑USFA	84.67	1.18	1.00	81.21	86.57
C20:1	2.15	8.47	0.18	1.71	2.69	∑	96.72	0.55	0.53	94.96	98.73

研究脂肪酸组分的变异系数表明，C14:0 的变异系数最高，为 66.83%，C18:2 的变异系数最低，为 2.24%，表明脂肪酸组分间存在较大幅度的变异。因此，在营建高世代种子园时应多收集优良材料，尽量扩大育种群体，以 C14:0、C17:0、C18:0、C20:0、C16:1、C20:2 为指标改良的潜力较大；以 C16:0、C18:1、C20:1、C18:2、C18:3、∑SFA、∑MUFA、∑PUFA、∑USFA 作为选优标准的稳定性最好。

5.2　种仁脂肪酸组分在种子园间的差异分析

由不同种子园红松种仁含油率及脂肪酸组分的均值及多重比较结果得出（表 5-2），种仁中除 C14:0、C16:0、C18:3、C20:2 外，其余指标在不同种子园间存在显著差异。由表 5-3 可知，铁力种子园的饱和脂肪酸（∑SFA）与多不饱和脂肪酸（∑PUFA）均最高，分别为 12.37%、60.45%，分别高于铁力均值 2.66%、1.26%，鹤岗种子园的单不饱和脂肪酸（∑MUFA）最高，为 26.37%，高于鹤岗均值 5.61%。

表 5-2　脂肪酸成分的方差分析

性状	均方（自由度）			F	
	种子园间	种子园内	随机误差	种子园间	种子园内
C14:0	0.002 1（3）	0.002 0（56）	0.000 000 6（120）	0.49	24.59**
C16:0	1.485 4（3）	0.664 4（56）	0.049 1（120）	2.24	13.54**
C17:0	0.004 1（3）	0.000 8（56）	0.000 003（120）	5.07**	287.54**
C18:0	1.543 2（3）	0.478 3（56）	0.002 0（120）	3.23*	236.39**

续表

性状	均方（自由度）			F	
	种子园间	种子园内	随机误差	种子园间	种子园内
C20:0	0.147 9（3）	0.015 3（56）	0.001 0（120）	9.65**	16.0**
∑SFA	7.913 7（3）	1.663 4（56）	0.058 1（120）	4.76**	28.63**
C16:1	0.025 5（3）	0.003 8（56）	0.000 1（120）	6.75**	36.89**
C18:1	56.282（3）	10.294（56）	0.002 9（120）	5.47**	352.9**
C20:1	0.279 7（3）	0.090 1（56）	0.000 5（120）	3.11*	193.23**
∑MUFA	47.218（3）	8.938 0（56）	0.003 0（120）	5.28**	342.0**
C18:2	7.468 3（3）	2.437 8（56）	0.001 4（120）	3.06*	178.3**
C18:3	8.876 2（3）	4.647 6（56）	0.002 4（120）	1.91	199.41**
C20:2	0.226 9（3）	0.115 4（56）	0.000 6（120）	1.97	204.99**
∑PUFA	17.859（3）	4.568 1（56）	0.004 1（120）	3.91*	103.3**
∑USFA	8.447（3）	2.727 4（56）	0.006 5（120）	3.10*	422.34**
∑	0.018 92	0.597 1	0.058 1	0.03	10.27**

注：**表示差异极显著（P<0.01），*表示差异显著（P<0.05）；本章表同

表 5-3　不同种子园间脂肪酸组成成分的分析与多重比较　（单位：%）

地点	C16:1	C18:1	C20:1	C18:2	C18:3	C20:2	∑SFA	∑MUFA	∑PUFA	∑USFA
鹤岗	0.13 （23.08）B	24.21 （6.57）A	2.03 （6.89）C	41.80 （1.96）C	16.17 （4.02）	0.95 （30.53）	11.45 （6.36）D	26.37 （5.62）A	58.92 （2.29）C	85.29 （1.02）A
林口	0.18 （16.67）A	22.47 （10.01）B	2.17 （8.29）B	41.62 （3.03）D	17.13 （12.32）	1.08 （12.04）	12.09 （5.11）C	24.82 （8.56）B	59.83 （2.36）B	84.65 （0.95）B
铁力	0.17 （29.41）A	21.54 （8.91）D	2.19 （7.76）A	42.55 （1.53）A	16.88 （4.74）	1.02 （16.67）	12.37 （6.85）A	23.9 （7.55）C	60.45 （1.92）A	84.36 （1.17）C
苇河	0.17 （17.65）A	22.42 （6.07）C	2.20 （8.64）A	42.13 （1.54）B	16.37 （3.85）	1.11 （12.61）	12.3 （6.54）B	24.79 （4.8）B	59.61 （1.38）B	84.40 （1.26）C

注：括号内的数字代表变异系数；不同字母间表示具有显著差异（P＜0.05）

研究种子园间红松种仁脂肪酸的变异程度可知，在不同种子园产地中，鹤岗种子园的 C16:1、C20:2 的变异系数较高，林口种子园的 C17:0、C18:1、C18:2、C18:3、∑MUFA、∑PUFA 的变异系数较高，铁力种子园的 C18:0、C20:0、C16:1、C20:2、∑SFA 的变异系数较高，苇河种子园的 C14:0、C20:1、∑USFA 的变异系数较高。变异系数表示性状值离散性特征，变异系数越大，则性状值离散程度越大。红松种实自身存在丰富的遗传变异，且不同种子园的环境异质性增强了种实性状变异的差异，若对各个种子园内变异系数较高性状做育种选择，则可为红松种质资源选育提供优良繁殖材料。

5.3　种仁脂肪酸组分在种子园间的表型分化

采用巢式方差分析将表型变异加以分解，分别计算群体种子园间、种子园内方差分量占总变异的百分比。由表 5-4 可知，脂肪酸组分的种子园间平均表型方差分量占总变异的 14.28%，种子园内占总变异的 82.87%。脂肪酸组分的种子园间表型分化系数，即种子园间的方差分量占种子园间和种子园内方差分量之和的比例在 0.15%～37.71%，种子园间变异（14.82%）远小于种子园内变异（85.18%），种子园内变异是脂肪酸组分变异的主要来源。

表 5-4　红松种仁脂肪酸组分的表型分化系数

脂肪酸成分	方差分量			方差分量百分比/%			V_{st}/%
	$\delta_{t/s}^2$	δ_s^2	δ_e^2	$P_{t/s}$	P_s	P_e	
C14:0	0.000 001	0.000 67	0.000 000 6	0.15	99.76	0.09	0.15
C16:0	0.018 2	0.205 1	0.049 1	6.68	75.30	18.02	8.15
C17:0	0.000 1	0.000 3	0.000 003	20.41	78.72	0.87	20.59
C18:0	0.023 7	0.158 8	0.002 0	12.85	86.06	1.09	12.99
C20:0	0.002 9	0.004 8	0.001 0	33.53	55.38	11.10	37.71
∑SFA	0.138 9	0.535 1	0.058 1	7.47	89.41	3.12	7.71
C16:1	0.000 5	0.001 2	0.000 1	27.47	67.03	5.49	29.07
C18:1	1.022 0	3.430 3	0.002 9	22.94	77.00	0.07	22.95
C20:1	0.004 2	0.029 9	0.000 5	12.16	86.48	1.36	12.33
∑MUFA	0.850 7	2.978 4	0.003	22.20	77.72	0.08	22.22
C18:2	0.111 8	0.812 2	0.001 4	12.08	87.77	0.15	12.10
C18:3	0.094 0	1.548 4	0.002 4	5.71	94.14	0.15	5.72
C20:2	0.002 5	0.115 4	0.000 6	2.11	97.41	0.48	2.12
∑PUFA	0.295 4	1.521 3	0.004 1	16.22	83.55	0.23	16.26
∑USFA	0.127 1	0.907	0.006 5	12.21	87.17	0.62	12.29
平均				14.28	82.87	2.85	14.82

5.4　脂肪酸组分间的相关分析

为了解红松脂肪酸成分间的相互关系，分别对每个种子园的 15 个无性系的种实性状进行了相关分析（表 5-5～表 5-8），结果表明，4 个不同种子园中∑SFA 与 C18:1、∑MUFA、∑USFA 的表型相关和遗传相关均呈显著的负相关关系，说明可通过降低饱和脂肪酸含量，使不饱和脂肪酸总含量、单不饱和脂肪酸、油酸的含量提高，C18:1、∑MUFA、∑USFA 可做联合选择；除鹤岗种子园外，其他 3 个种子园的 C18:1 与∑MUFA、∑USFA 均呈极显著的正相关关系，与 C20:1、C18:2、C18:3、C20:2、∑PUFA 均呈显著的负相关关系；∑MUFA 与 C18:3、∑PUFA、C20:1 均呈显著的负相关关系，与∑USFA、C18:1 均呈显著的正相关关系；除林口种子园外，其余 3 个种子园的∑PUFA 与 C18:2、C18:3、C20:2、C20:1 均呈显著的正相关关系，与 C18:1、∑MUFA 均呈极显著的负相关关系，说明通过提高多不饱和脂肪酸含量，C18:2、C18:3、C20:2、C20:1 的含量会提高，同时会使油酸、∑MUFA 指标有所降低。

表 5-5　鹤岗种子园脂肪酸成分间的相关关系

成分	∑SFA	C16:1	C18:1	C20:1	∑MUFA	C18:2	C18:3	C20:2	∑PUFA	∑USFA
∑SFA		-0.473^{*}	-0.430^{*}	0.310	-0.440^{*}	0.150	−0.076	−0.223	0.005	-0.669^{**}
C16:1	-0.482^{*}		−0.022	0.128	0.012	0.218	0.392	0.135	0.361	0.539^{**}
C18:1	-0.556^{**}	−0.062		-0.736^{**}	0.997^{**}	-0.753^{**}	-0.597^{**}	−0.166	-0.804^{**}	0.367
C20:1	0.435^{*}	0.158	-0.796^{**}		-0.687^{**}	0.803^{**}	0.336	0.487^{*}	0.783^{**}	0.078
∑MUFA	-0.566^{**}	−0.033	0.998^{**}	-0.758^{**}		-0.723^{**}	-0.597^{**}	−0.128	-0.776^{**}	0.412^{*}
C18:2	0.270	0.237	-0.789^{**}	0.835^{**}	-0.765^{**}		0.337	0.246	0.851^{**}	0.121
C18:3	0.054	0.400	$--0.669^{**}$	0.453^{*}	-0.668^{**}	0.428^{*}		0.130	0.732^{**}	0.143
C20:2	−0.206	0.144	−0.188	0.480^{*}	−0.155	0.261	0.154		0.454^{*}	0.461^{*}
∑PUFA	0.147	0.367	-0.843^{**}	0.831^{**}	-0.820^{**}	0.872^{**}	0.774^{**}	0.449^{*}		0.255
∑USFA	-0.747^{**}	0.521^{**}	0.399	−0.004	0.438^{*}	0.050	0.062	0.438^{*}	0.155	

注：右上角部分和左下角部分分别表示表型相关系数和遗传相关系数；表 5-6～表 5-8 同此

表 5-6　林口种子园脂肪酸成分间的相关关系

成分	∑SFA	C16:1	C18:1	C20:1	∑MUFA	C18:2	C18:3	C20:2	∑PUFA	∑USFA
∑SFA		0.063	-0.789^{**}	0.425^{*}	-0.799^{**}	−0.313	0.634^{**}	0.427^{*}	0.705^{**}	-0.897^{**}
C16:1	0.051		−0.060	0.059	−0.046	−0.109	0.090	0.171	0.054	−0.028
C18:1	-0.790^{**}	−0.058		-0.721^{**}	0.998^{**}	-0.443^{*}	-0.877^{**}	-0.737^{**}	-0.980^{**}	0.939^{**}
C20:1	0.412^{*}	0.065	-0.717^{**}		-0.680^{**}	-0.700^{**}	0.799^{**}	0.941^{**}	0.659^{**}	-0.655^{**}
∑MUFA	-0.801^{**}	−0.044	0.998^{**}	-0.675^{**}		0.409^{*}	-0.861^{**}	-0.700^{**}	-0.982^{**}	0.940^{**}
C18:2	−0.35	−0.10	-0.456^{*}	-0.681^{**}	0.425^{*}		-0.802^{**}	-0.597^{**}	0.374	0.436^{*}
C18:3	0.644^{**}	0.087	-0.879^{**}	0.791^{**}	-0.864^{**}	-0.806^{**}		0.759^{**}	0.853^{**}	-0.797^{**}
C20:2	0.469^{*}	0.164	-0.746^{**}	0.918^{**}	-0.712^{**}	-0.627^{**}	0.773^{**}		0.694^{**}	-0.647^{**}
∑PUFA	0.693^{**}	0.056	-0.977^{**}	0.660^{**}	-0.978^{**}	0.372	0.848^{**}	0.687^{**}		-0.859^{**}
∑USFA	-0.905^{**}	−0.018	0.930^{**}	-0.629^{**}	0.931^{**}	0.472^{*}	-0.798^{**}	-0.680^{**}	-0.836^{**}	

表 5-7 铁力种子园脂肪酸成分间的相关关系

成分	∑SFA	C16:1	C18:1	C20:1	∑MUFA	C18:2	C18:3	C20:2	∑PUFA	∑USFA
∑SFA		0.293	-0.777^{**}	0.335	-0.790^{**}	−0.082	0.620^{**}	0.282	0.421^{*}	-0.965^{**}
C16:1	0.351		-0.518^{*}	0.292	-0.502^{*}	0.302	0.405^{*}	0.153	0.469^{*}	−0.371
C18:1	-0.774^{**}	-0.503^{**}		-0.604^{**}	0.997^{**}	-0.403^{*}	-0.849^{**}	-0.490^{*}	-0.879^{**}	0.802^{**}
C20:1	0.276	0.165	-0.572^{**}		-0.543^{**}	0.254	0.468^{*}	0.563^{**}	0.544^{**}	−0.359
∑MUFA	-0.789^{**}	-0.495^{*}	0.997^{**}	-0.509^{**}		−0.398	-0.852^{**}	-0.465^{*}	-0.874^{**}	0.813^{**}
C18:2	−0.054	0.325	-0.408^{*}	0.222	−0.405		0.113	0.463^{*}	0.701^{**}	0.099
C18:3	0.579^{**}	0.317	-0.833^{**}	0.481^{*}	-0.832^{**}	0.098		0.182	0.777^{**}	-0.653^{**}
C20:2	0.252	0.090	-0.478^{*}	0.573^{**}	-0.451^{*}	0.445^{*}	0.193		0.525^{*}	−0.237
∑PUFA	0.407^{*}	0.415^{*}	-0.874^{**}	0.539^{**}	-0.868^{**}	0.692^{**}	0.775^{**}	0.525^{**}		-0.428^{*}
∑USFA	-0.967^{**}	-0.419^{*}	0.799^{**}	−0.300	0.812^{**}	0.072	-0.613^{**}	−0.209	-0.414^{*}	

表 5-8 苇河种子园脂肪酸成分间的相关关系

成分	∑SFA	C16:1	C18:1	C20:1	∑MUFA	C18:2	C18:3	C20:2	∑PUFA	∑USFA
∑SFA		0.141	-0.684^{**}	0.668^{**}	-0.670^{**}	0.546^{*}	−0.204	0.615^{**}	0.313	-0.834^{**}
C16:1	0.142		-0.446^{*}	0.340	−0.422	0.275	0.380	0.303	0.582^{**}	−0.085
C18:1	-0.671^{**}	-0.443^{*}		-0.802^{**}	0.996^{**}	-0.469^{*}	-0.415^{*}	-0.821^{**}	-0.838^{**}	0.815^{**}
C20:1	0.753^{**}	0.333	-0.836^{**}		-0.749^{**}	0.168	0.257	0.883^{**}	0.492^{*}	-0.770^{**}
∑MUFA	-0.643^{**}	-0.425^{*}	0.996^{**}	-0.787^{**}		-0.495^{*}	-0.419^{*}	-0.788^{**}	-0.854^{**}	0.803^{**}
C18:2	−0.312	0.165	−0.083	−0.225	−0.125		−0.368	0.298	0.443^{*}	−0.374
C18:3	−0.219	0.368	−0.323	0.144	−0.335	−0.202		0.258	0.660^{**}	0.010
C20:2	0.744^{**}	0.299	-0.850^{**}	0.918^{**}	-0.816^{**}	−0.156	0.139		0.605^{**}	-0.710^{**}
∑PUFA	−0.290	0.465^{*}	-0.459^{*}	0.088	-0.497^{*}	0.613^{**}	0.632^{**}	0.153		−0.376
∑USFA	-0.948^{**}	−0.117	0.764^{**}	-0.816^{**}	0.739^{**}	0.335	0.113	-0.799^{**}	0.218	

5.5 脂肪酸组分对种仁含油率的多元回归分析

研究脂肪酸组分中影响含油率的重要因素，分别以 4 个种子园的红松脂肪酸组分为自变量（X），C14:0（X_1）、C16:0（X_2）、C17:0（X_3）、C18:0（X_4）、C20:0（X_5）、∑SFA（X_6）、C16:1（X_7）、C18:1（X_8）、C20:1（X_9）、∑MUFA（X_{10}）、C18:2（X_{11}）、C18:3（X_{12}）、C20:2（X_{13}）、∑PUFA（X_{14}）、∑USFA（X_{15}）、∑（X_{16}），种仁含油率为因变量（Y），因变量 Y 经检验符合正态分布，可进行多元回归，舍去回归系数不显著的自变量，得到最佳回归方程，分别为

$$Y_{HG}=-0.30-2.41X_1+4.04X_3+0.09X_4-2.33X_7+0.03X_{12}+0.09X_{13}\ (R=0.64)$$

$$Y_{LK}=94.39+71.95X_1+39.29X_2+45.53X_4-36.64X_6-1.28X_{11}-4.7X_{13}\ (R=0.8549)$$

$$Y_{TL}=-620.48-61.42X_1-1.05X_4+2.5X_{14}+5.51X_{16}\ (R=0.5718)$$

$$Y_{WH}=285.38-8.38X_2-812.75X_3-133.4X_5+12.24X_6+59.4X_9-53.8X_{13}-4.05X_{14}\ (R=0.6764)$$

结果表明：4 个种子园中含油率（Y）虽受不同的脂肪酸组分影响，但 C14:0（X_1）、C18:0（X_4）、C20:2（X_{13}）表现较为稳定，能够在 3 个以上种子园与含油率（Y）有显著的线性效应。

5.6　基于脂肪酸组分的遗传参数估算

估算脂肪酸组分中无性系种子园遗传力水平为 47.64%～85.19%（表 5-9），从分布区整体上进行性状评价，以无性系均值超过各性状总均值 1 个标准差为入选标准，选择强度为 1.49～2.06，性状选择的现实增益为 1.21%～32.91%，不饱和脂肪酸中含油率较高的油酸、松油酸现实增益都在 10%以上，说明，脂肪酸成分通过无性系选择并进行无性繁殖，能获得较高的现实增益。

表 5-9　红松脂肪酸组分的遗传参数估算

性状	∑SFA	C16:1	C18:1	C20:1	∑MUFA	C18:2	C18:3	C20:2	∑PUFA	∑USFA
入选率/%	13.33	13.33	16.67	16.67	16.67	8.33	5.00	11.67	10.00	10.00
选择强度	1.63	1.63	1.49	1.49	1.49	1.86	2.06	1.67	1.75	1.75
现实增益 ΔG/%	9.46	32.91	10.06	9.37	8.37	2.20	10.58	16.47	3.00	1.21
遗传力/%	78.99	85.19	81.72	67.85	81.06	67.32	47.64	49.24	74.42	67.74

5.7　结　　论

研究结果表明种仁油脂含量为 56.76%，与于世河（2006）、李建科等（2004）研究松子中的油脂含量相当，低于核桃的油脂含量，高于油茶籽、花生仁、芝麻、榛子、杏仁，种仁为具有较高营养价值的木本油料植物。本实验采用 GC-MS 技术测定了 60 个无性系种仁油脂的脂肪酸成分，可检测到 11 种脂肪酸，包括 5 种饱和脂肪酸，即十四烷酸（C14:0）、软脂酸（C16:0）、十七烷酸（C17:0）、硬脂酸（C18:0）、花生酸（C20:0），以及 6 种不饱和脂肪酸，即棕榈油酸（C16:1Δ9c）、油酸（C18:1Δ9c）、二十碳一烯酸（C20:1Δ9c）、亚油酸（C18:2Δ9c,12c）、松油酸（C18:3Δ9c,12c,15c）、二十碳二烯酸（C20:2Δ11c,14c）。饱和脂肪酸（∑SFA）平均含量为 12.05%，其中 C16:0 含量最高。不饱和脂肪酸总量（∑USFA）为 84.67%，其中，单不饱和脂肪酸（∑MUFA）和多不饱和脂肪酸（∑PUFA）的含量分别为 24.97%、59.70%，不饱和脂肪酸以亚油酸、油酸和松油酸含量较高，且亚油酸含量远远高于油酸含量，因此，种仁中的脂肪酸属于松油酸类油脂。本实验研究的脂肪酸成分及含量与 Wolff 等（2000）分析松子油中脂肪酸的组成结果相类似，均表明，油脂中以不饱和脂肪酸为主，其中亚油酸含量最高，其次是油酸和松油酸。前期在种仁脂肪酸方面的研究主要针对种仁中的脂肪酸成分及含量，而在其变异规律方面的研究较少，本实验研究的 11 种脂肪酸组分的变异系数表明，脂肪酸组分间存在较大幅度的变异，变异系数为 2.24%～66.83%，C14:0、C17:0、C18:0、C20:0、C16:1、C20:2 的变异系数较大，分别为 66.83%、24.05%、10.22%、12.58%、25.15%、19.26%，测定的饱和脂肪酸总含量、单不饱和脂肪酸总含量、多不饱和脂肪酸总含量的变异系数分别为 6.90%、7.59%、2.20%。脂肪酸成分中较高的遗传变异为无性系优良材料的选育奠定基础。由脂肪酸成分的变异来源可知，种子园内无性系间变异是脂肪酸组分变异的主要来源，脂肪酸组分的种子园间表型分化系数在 0.15%～37.71%，种子园间变异（14.82%）远小于种子园内变异（85.18%），与红松种实性状的分化系数（29.82%）一致。

相关分析结果表明，在不同的立地条件下，∑SFA 与 C18:1、∑MUFA、∑USFA 的表型相关和遗传相关均呈显著的负相关关系；除鹤岗种子园外，其他 3 个种子园的 C18:1 与∑MUFA、∑USFA 均呈极显著的正相关关系，C18:1、∑MUFA、∑USFA 可做联合选择，通过降低饱和脂肪酸含量，使不饱和脂肪酸含量、单不饱和脂肪酸、油酸的含量提高；相关分析还表明，通过提高多不饱和脂肪酸总含量，C18:2、C18:3、C20:2、C20:1 的含量会提高。

红松种仁脂肪酸成分受遗传控制程度较强，来源于无性系群体遗传力水平在 47.64%～85.19%，其中 C16:1、C18:1、∑MUFA 的遗传力较高，分别为 85.19%、81.72%、81.06%，说明受环境效应影响较小，无性系间的性状差异主要是遗传效应和环境效应造成的。以无性系均值超过各性状总均值 1 个标准差为入选标准，能获得较高的现实增益（1.21%～32.91%）。

第 6 章　红松种仁氨基酸组分的变异研究

蛋白质的营养价值取决于蛋白质中氨基酸的种类和数量。前期研究表明松仁中含有 18 种氨基酸，其中，人体必需的 8 种氨基酸与世界卫生组织（WHO）和联合国粮食及农业组织（FAO）规定的氨基酸人体必需量标准值对比显示，松仁在大多数指标上接近国际标准，其中异亮氨酸、苯丙氨酸高于国际标准。对人体生理作用有着重要功能的谷氨酸、天冬氨酸、精氨酸含量也较高。谷氨酸是使大脑和脊椎兴奋的神经递质，也是 γ-氨基丁酸（GABA）的前体，该氨基酸在糖与脂肪代谢中非常重要，能帮助钾离子通过血液屏障进入大脑。精氨酸在肌肉代谢中非常重要，它能促进肌肉的增加和脂肪的减少；精氨酸对治疗肝脏疾病有很大好处，在肝硬化和脂肪肝中，精氨酸能中和肝脏所产生的过量的氮，因此能帮助肝脏去除毒素；精氨酸能防止胸腺的退化，对伤口的愈合也有显著的作用，它可促进胶原组织的合成，修复伤口（陈红滨和刘秀坤，1990）。前期学者主要针对松仁氨基酸成分含量及功效进行研究，而从遗传改良角度对氨基酸遗传变化规律的揭示较少，在不同产地及不同无性系间各种氨基酸含量的变异水平的研究甚少。本研究通过对红松 4 个不同产地种子园间种仁营养成分检测，探讨了各种氨基酸成分在群体间和群体内无性系间的变异，在相关分析的基础上阐明了有密切关联的经济性状，为仁用红松优良种质的选育提供了理论支撑和优良种质材料。

6.1　种仁氨基酸组分的变异分析

氨基酸是蛋白质的组成单元，研究采用盐水解法（色氨酸在检测中被破坏未测出），可检测出 17 种氨基酸成分，见表 6-1，氨基酸总量的质量分数平均值为 40.43%，其中含有 7 种人体必需的氨基酸，包括苏氨酸（Thr）（1.19%）、赖氨酸（Lys）（1.57%）、亮氨酸（Leu）（2.78%）、异亮氨酸（Ile）（1.00%）、缬氨酸（Val）（1.21%）、蛋氨酸（Met）（0.67%）、苯丙氨酸（Phe）（1.37%），必需氨基酸的质量分数平均值为 9.79%，必需氨基酸占氨基酸总量的 24.21%。必需氨基酸组分中亮氨酸的含量最高（2.78%）；含有 10 种非必需氨基酸，包括甘氨酸（Gly）（2.13%）、丙氨酸（Ala）（1.93%）、脯氨酸（Pro）（2.08%）、酪氨酸（Tyr）（1.49%）、丝氨酸（Ser）（2.41%）、半胱氨酸（Cys）（0.83%）、组氨酸（His）（0.91%）、天冬氨酸（Asp）（3.56%）、谷氨酸（Glu）（8.46%）和精氨酸（Arg）（6.86%），谷氨酸在种仁氨基酸组分中含量最高，质量分数百分比为8.46%。

表 6-1 种仁中氨基酸成分的平均值与变异系数

性状	平均值/%	变异系数/%	标准差	最小值/%	最大值/%	性状	平均值/%	变异系数/%	标准差	最小值/%	最大值/%
Asp	3.56	21.90	0.78	1.54	5.22	Leu*	2.78	22.89	0.64	1.82	4.26
Thr*	1.19	19.12	0.23	0.83	1.72	Tyr	1.49	22.0	0.33	0.88	2.23
Ser	2.41	18.94	0.46	1.55	3.41	Phe*	1.37	22.47	0.31	0.78	2.19
Glu	8.46	18.92	1.60	5.50	11.82	Lys*	1.57	20.67	0.32	1.02	2.45
Gly	2.13	21.30	0.45	1.36	3.07	His	0.91	18.70	0.17	0.54	1.30
Ala	1.93	19.74	0.38	1.19	2.76	Arg	6.86	23.15	1.59	3.68	10.43
Cys	0.83	20.14	0.17	0.53	1.29	Pro	2.08	38.88	0.81	0.64	4.52
Val*	1.21	26.13	0.31	0.80	2.01	TAA	40.43	20.13	8.14	25.50	58.67
Met*	0.67	14.65	0.10	0.41	0.94	EAA	9.79	20.83	2.04	6.68	14.26
Ile*	1.00	28.69	0.29	1.82	4.26	NEAA	30.64	20.13	6.17	18.82	44.51

注：*代表必需氨基酸；TAA 代表总氨基酸含量，EAA 代表必需氨基酸含量，NEAA 代表非必需氨基酸含量

对氨基酸组分变异系数的研究表明，氨基酸组分具有较高的遗传改良潜力，氨基酸组分的变异幅度为14.65%～38.88%，平均值为22.25%；必需氨基酸各组分的变异系数平均值为22.09%，非必需氨基酸各组分的变异系数平均值为22.37%。计算氨基酸总量的变异系数为20.13%，与各组分变异系数平均值相当，其中，Pro 的变异系数最高，为38.88%，Met 的变异系数最低，为14.65%；必需氨基酸中，异亮氨酸（Ile）的变异系数最高，为28.69%。

6.2 种仁氨基酸组分在种子园间的差异分析

由表 6-2 可知，种仁中除蛋氨酸外，其余氨基酸成分在不同种子园间差异极显著。研究种子园间种仁氨基酸组分的变异程度可知，鹤岗种子园的 Asp、Gly 的变异系数较高，铁力种子园的 Cys、Pro、Met、Phe 的变异系数较高，苇河种子园的 Asp、Ser、Glu、Ala、Tyr、His、Arg、Thr、Val、Ile、Leu、Lys、TAA、EAA 的变异系数较高。

表 6-2 不同种子园间氨基酸组成成分的分析与多重比较 （单位：%）

种子园	Asp	Ser	Glu	Gly	Ala	Cys	Tyr	His	Arg	Pro
鹤岗	3.16 （16.93）C	2.27 （11.70）B	7.74 （10.89）C	2.29 （18.08）B	1.93 （16.16）B	0.73 （11.15）C	1.32 （11.16）C	0.82 （8.70）C	5.98 （12.00）C	1.80 (17.5)C
林口	4.61 （5.92）A	3.01 （8.14）A	10.60 （2.24）A	2.59 （4.59）A	2.36 （6.39）A	1.01 （6.97）A	1.91 （8.64）A	1.09 （26.37）A	9.09 （19.77）A	2.99 (23.29)A
铁力	3.49 （10.15）B	2.20 （12.52）C	7.94 （9.08）B	1.82 （11.99）C	1.73 （13.37）C	0.82 （21.32）B	1.43 （16.58）B	0.97 （14.58）B	6.65 （9.98）B	2.03 (42.6)B
苇河	2.97 （16.37）D	2.16 （16.41）C	7.55 （16.90）D	1.80 （17.93）D	1.69 （17.67）D	0.74 （13.89）C	1.28 （19.44）D	0.75 （15.29）D	5.73 （17.94）D	1.49 (16.24)D
均值	3.56 （21.89）	2.41 （18.93）	8.46 （18.92）	2.12 （21.31）	1.93 （19.73）	0.83 （20.13）	1.49 （22.0）	0.91 （18.70）	6.86 （23.15）	2.08 (38.88)
F	32.31**	25.11**	27.01**	22.26**	18.16**	15.35**	26.76**	28.83**	45.22**	17.28**

种子园	Thr[a]	Val[a]	Met[a]	Ile[a]	Leu[a]	Phe[a]	Lys[a]	TAA	EAA
鹤岗	1.03 （8.63）D	0.98 （9.36）D	0.69 （10.83）	0.75 （10.16）D	2.38 （10.56）C	1.20 （9.77）C	1.39 （8.06）C	36.48 （10.34）C	8.43 （9.02）C
林口	1.47 （10.07）A	1.66 （12.44）A	0.68 （21.73）	1.39 （14.21）A	3.67 （5.22）A	1.77 （5.58）A	2.02 （19.51）A	52.34 （8.48）A	12.81 （9.04）A
铁力	1.19 （14.52）B	1.17 （16.37）B	0.62 （19.06）	1.06 （17.3）B	2.74 （12.94）B	1.37 （18.26）B	1.57 （9.76）B	39.71 （7.91）B	9.67 （10.2）B
苇河	1.06 （16.58）C	1.02 （16.42）C	0.67 （15.84）	0.82 （19.50）C	2.32 （16.53）D	1.14 （14.53）D	1.28 （15.13）D	34.78 （16.40）D	8.31 （15.67）D
均值	1.19 （19.13）	1.21 （26.10）	0.67 （14.70）	1.00 （28.69）	2.78 （22.90）	1.37 （22.48）	1.57 （20.67）	40.43 （20.13）	9.79 （20.83）
F	23.69**	60.58**	1.73	66.99**	48.75**	32.75**	60.67**	45.29**	55.65**

注：括号内的数字代表变异系数；不同大写字母间表示具有显著差异（$P<0.05$），**表示差异极显著（$P<0.01$），a 表示必需氨基酸

研究发现，林口种子园的氨基酸组分中除蛋氨酸（Met）外的其他氨基酸组分均高于其他种子园产地的均值，高出总平均值的幅度在 20.12%～43.71%，其中，脯氨酸（Pro）高于总均值百分数最大，达到 43.71%，氨基酸总量 TAA 高于总均值 29.45%，必需氨基酸总量 EAA 高于总均值 30.85%，这说明，林口种子园在蛋白质及氨基酸组分性状的育种群体基础较好，更适宜于蛋白质性状相关的繁殖材料选育。

6.3 种仁氨基酸组分在种子园间的表型分化

采用巢式方差分析将表型变异加以分解，分别计算群体间、群体内方差分量占总变异的百分比。由表 6-3 可知，氨基酸组分的群体间平均表型方差分量占总变异的 64.69%，群体内平均表型方差分量占总变异的 34.41%。氨基酸组分中除 Met 和 Cys 的表型分化系数较低外，其他组分的表型分化系数均高于 50%，群体

间变异（65.25%）大于群体内变异（34.75%），群体间变异是氨基酸组分变异的主要来源。

表 6-3　红松种仁氨基酸组分的表型分化系数

氨基酸组分	均方（自由度）			方差分量			方差分量百分比/%			V_{st}/%
	群体间（3）	群体内（56）	随机误差（120）	$\delta^2_{t/s}$	δ^2_s	δ^2_e	$P_{t/s}$	P_s	P_e	
Asp	1.630 6	0.050 5	0.000 14	0.026 3	0.012 6	0.000 14	67.41	32.23	0.36	67.66
Thr	0.351 3	0.014 8	0.000 1	0.005 6	0.003 7	0.000 1	59.77	39.17	1.07	60.41
Ser	0.719 9	0.028 7	0.000 2	0.011 5	0.007 1	0.000 2	61.13	37.81	1.06	61.79
Glu	2.570 7	0.095 0	0.000 2	0.041 3	0.023 7	0.000 2	63.32	36.37	0.31	63.52
Gly	0.772 4	0.034 7	0.000 17	0.012 3	0.008 6	0.000 17	58.28	40.92	0.81	58.75
Ala	0.539 6	0.029 7	0.000 3	0.008 5	0.007 4	0.000 3	52.63	45.52	1.86	53.62
Cys	0.212 1	0.013 8	0.000 3	0.003 3	0.003 4	0.000 3	47.35	48.35	4.30	49.48
Val	0.865 1	0.015 5	0.000 1	0.014 2	0.003 9	0.000 1	78.19	21.26	0.55	78.62
Met	0.020 5	0.010 6	0.000 019	0.000 2	0.002 6	0.000 019	5.83	93.50	0.67	5.87
Ile	0.925 6	0.014 5	0.000 1	0.015 2	0.003 6	0.000 1	80.41	19.06	0.53	80.84
Leu	1.476 4	0.032 5	0.000 6	0.024 1	0.008 0	0.000 6	73.73	24.43	1.84	75.11
Tyr	0.594 0	0.023 7	0.000 1	0.009 5	0.005 9	0.000 1	61.30	38.05	0.64	61.70
Phe	0.621 8	0.019 8	0.000 1	0.010 0	0.004 9	0.000 1	66.63	32.71	0.66	67.08
Lys	0.731 9	0.012 9	0.000 1	0.012 0	0.003 2	0.000 1	78.41	20.94	0.65	78.92
His	0.286 8	0.001	0.000 1	0.004 8	0.000 2	0.000 1	93.61	4.42	1.97	95.49
Arg	3.630 7	0.088	0.000 1	0.059 0	0.022 0	0.000 1	72.79	27.09	0.12	72.88
Pro	2.053 0	0.119 2	0.000 1	0.032 2	0.029 8	0.000 1	51.90	47.94	0.16	51.98
TAA	16.266 5	0.387 3	0.000 9	0.264 7	0.096 6	0.000 9	73.08	26.67	0.25	73.26
EAA	4.496 3	0.087 1	0.000 1	0.073 5	0.021 8	0.000 1	77.08	22.81	0.10	77.16
NEAA	11.917 6	0.315	0.000 1	0.193 4	0.078 7	0.000 1	71.04	28.92	0.04	71.07
平均							64.69	34.41	0.90	65.25

6.4　种仁氨基酸组分间的相关分析

氨基酸组分间表型相关和遗传相关分析（表 6-4～表 6-7）的结果显示，在 4 个不同种子园中 TAA、EAA、NEAA、Thr、Ser、Val、Phe 之间均相互呈显著的正相关关系，可以做联合选择；TAA、EAA、NEAA 分别与 Thr、Ser、Glu、Gly、Leu、Tyr、Phe、Lys、His、Arg、Val 呈显著或极显著正相关关系；Arg 与 Thr、Ser、Glu、Leu、Tyr、Lys、His 均呈显著正相关关系；Gly 与 Ser、Ala、Leu、Phe、His 均呈显著正相关关系；Tyr 与 Thr、Phe 均呈显著正相关关系；Glu 与 Ser 呈极显著正相关关系。

表 6-4　鹤岗种子园氨基酸成分间的相关关系

成分	Asp	Thr	Ser	Glu	Gly	Ala	Cys	Val	Met	Ile	Leu	Tyr	Phe	Lys	His	Arg	Pro	EAA	NEAA	TAA
Asp		0.087	0.271	0.323	0.078	0.197	0.115	−0.081	0.363	−0.113	0.185	0.154	0.046	0.161	0.196	0.200	0.283	0.117	0.416	0.360
Thr	0.154		0.925**	0.908**	0.576*	0.680*	0.648*	0.876**	0.635*	0.907**	0.934**	0.939**	0.960**	0.918**	0.961**	0.928**	0.65*	0.97*	0.876**	0.905**
Ser	0.322	0.946		0.957**	0.735**	0.837**	0.828**	0.901**	0.850**	0.862**	0.978**	0.980**	0.902**	0.814**	0.906**	0.910**	0.809**	0.970**	0.983**	0.992**
Glu	0.379	0.926	0.963		0.538*	0.719**	0.778**	0.810**	0.756**	0.800**	0.931**	0.933**	0.862**	0.892**	0.887**	0.943**	0.740**	0.932**	0.960**	0.965**
Gly	0.171	0.627	0.759	0.593		0.939**	0.770**	0.826**	0.867**	0.696*	0.732**	0.739**	0.564*	0.308	0.551*	0.428	0.836**	0.695*	0.717*	0.720*
Ala	0.284	0.720	0.849	0.753	0.953		0.839**	0.878**	0.930**	0.742*	0.824**	0.825**	0.619*	0.505	0.641*	0.551*	0.932**	0.792**	0.844**	0.843**
Cys	0.152	0.686	0.842	0.792	0.774	0.835		0.824**	0.883**	0.731*	0.793*	0.835**	0.618*	0.499	0.575*	0.672*	0.818**	0.765*	0.828**	0.824**
Val	−0.008	0.915	0.918	0.841	0.850	0.890	0.846		0.777**	0.962**	0.930**	0.942**	0.851**	0.726**	0.802**	0.762**	0.801**	0.942**	0.845**	0.874**
Met	0.423	0.679	0.864	0.784	0.889	0.941	0.888	0.807		0.635*	0.799**	0.808**	0.608*	0.464	0.629*	0.605**	0.920**	0.755**	0.881**	0.865**
Ile	−0.032	0.926	0.878	0.820	0.727	0.770	0.747	0.981	0.676		0.920**	0.929**	0.893**	0.791**	0.840**	0.812**	0.667*	0.944**	0.799**	0.837**
Leu	0.258	0.949	0.985	0.940	0.770	0.852	0.808	0.962	0.826	0.932		0.989**	0.926**	0.833**	0.930**	0.907**	0.752**	0.989**	0.950**	0.969**
Tyr	0.208	0.952	0.991	0.940	0.758	0.832	0.864	0.966	0.821	0.940	0.990		0.927**	0.816**	0.907**	0.914**	0.772**	0.986**	0.952**	0.969**
Phe	0.103	0.980	0.918	0.874	0.598	0.649	0.649	0.883	0.639	0.907	0.933	0.939		0.864**	0.959**	0.938**	0.566*	0.954**	0.838**	0.871**
Lys	0.220	0.933	0.833	0.903	0.378	0.552	0.529	0.756	0.513	0.811	0.850	0.831	0.880		0.885**	0.891**	0.521	0.878**	0.788**	0.815**
His	0.254	0.976	0.919	0.900	0.598	0.679	0.599	0.829	0.665	0.857	0.940	0.917	0.970	0.898		0.924**	0.582**	0.942**	0.870**	0.894**
Arg	0.232	0.932	0.912	0.935	0.452	0.562	0.695	0.778	0.615	0.816	0.901	0.917	0.943	0.892	0.923		0.538*	0.919**	0.876**	0.895**
Pro	0.313	0.669	0.818	0.746	0.824	0.907	0.841	0.818	0.908	0.680	0.757	0.781	0.584	0.541	0.599	0.550		0.742**	0.842**	0.831**
EAA	0.189	0.980	0.975	0.939	0.731	0.816	0.782	0.961	0.783	0.952	0.992	0.988	0.958	0.888	0.950	0.912	0.747		0.931**	0.955**
NEAA	0.465	0.896	0.986	0.964	0.752	0.863	0.837	0.869	0.896	0.819	0.959	0.955	0.851	0.806	0.883	0.870	0.840	0.938		0.997**
TAA	0.414	0.922	0.994	0.969	0.755	0.862	0.835	0.896	0.882	0.854	0.975	0.971	0.881	0.831	0.905	0.887	0.829	0.960	0.998	

注：右上角部分和左下角部分分别表示表型相关系数和遗传相关系数，**表示差异极显著（$P<0.01$），*表示差异显著（$P<0.05$），表 6-5~表 6-7 同此

表 6-5　林口种子园氨基酸成分间的相关关系

成分	Asp	Thr	Ser	Glu	Gly	Ala	Cys	Val	Met	Ile	Leu	Tyr	Phe	Lys	His	Arg	Pro	EAA	NEAA	TAA
Asp		0.502	0.966**	0.682*	0.825**	0.836**	0.496	0.727*	0.521*	0.555*	0.846**	0.834**	0.847**	0.608*	0.634*	0.811**	0.637*	0.858**	0.866**	0.885**
Thr	0.590		0.595*	0.681*	0.796**	0.763**	0.456	0.590*	0.423	0.659*	0.811**	0.707*	0.544*	0.510	0.882**	0.529*	0.634**	0.828**	0.715**	0.756**
Ser	0.977	0.659		0.715**	0.855**	0.883**	0.536*	0.674*	0.564*	0.589*	0.852**	0.876**	0.880**	0.596*	0.672*	0.883**	0.690*	0.878**	0.912**	0.927**
Glu	0.710	0.718	0.723		0.694*	0.787**	0.792**	0.601*	0.473	0.568*	0.755**	0.827**	0.571*	0.323	0.701*	0.775**	0.669*	0.731**	0.914**	0.898**
Gly	0.869	0.831	0.884	0.733		0.897**	0.444	0.726**	0.577*	0.797**	0.922**	0.885**	0.783**	0.494	0.834**	0.616*	0.581*	0.931**	0.807**	0.852**
Ala	0.888	0.808	0.918	0.807	0.929		0.497	0.749**	0.718*	0.710*	0.882**	0.928**	0.790**	0.528*	0.824**	0.767**	0.696*	0.923**	0.901**	0.927**
Cys	0.532	0.499	0.554	0.819	0.494	0.553		0.512	0.227	0.561*	0.480	0.631*	0.381	0.381	0.547*	0.584*	0.497	0.535*	0.701*	0.683*
Val	0.791	0.655	0.752	0.651	0.787	0.813	0.555		0.488	0.662*	0.803**	0.673*	0.596*	0.655*	0.650*	0.503	0.394	0.864**	0.655*	0.713*
Met	0.547	0.468	0.571	0.509	0.606	0.723	0.268	0.528		0.609*	0.599*	0.695*	0.297	−0.022	0.578*	0.492	0.463	0.555*	0.578*	0.587*
Ile	0.587	0.690	0.603	0.602	0.806	0.727	0.599	0.689	0.632		0.688*	0.716*	0.408	0.305	0.843**	0.378	0.388	0.735**	0.601*	0.643*
Leu	0.886	0.839	0.887	0.779	0.943	0.918	0.526	0.850	0.621	0.707		0.843**	0.748**	0.533*	0.832**	0.724*	0.661*	0.961**	0.863**	0.904**
Tyr	0.881	0.758	0.907	0.841	0.917	0.956	0.668	0.749	0.705	0.731	0.885		0.722*	0.448	0.795**	0.737**	0.695*	0.861**	0.907**	0.919**
Phe	0.859	0.606	0.868	0.620	0.820	0.827	0.434	0.663	0.353	0.462	0.788	0.770		0.675*	0.510*	0.725*	0.481	0.818**	0.742**	0.776**
Lys	0.741	0.597	0.747	0.431	0.632	0.672	0.444	0.740	0.116	0.389	0.664	0.607	0.727		0.494	0.480	0.433	0.693*	0.507	0.558*
His	0.675	0.900	0.694	0.732	0.853	0.840	0.588	0.696	0.608	0.857	0.845	0.819	0.570	0.565		0.556*	0.734**	0.849**	0.781**	0.814**
Arg	0.867	0.609	0.915	0.790	0.710	0.836	0.611	0.619	0.527	0.445	0.794	0.808	0.768	0.639	0.615		0.728**	0.718*	0.914**	0.895**
Pro	0.681	0.679	0.712	0.703	0.641	0.738	0.540	0.480	0.501	0.438	0.706	0.736	0.544	0.524	0.763	0.757		0.637*	0.830**	0.809**
EAA	0.896	0.851	0.906	0.758	0.950	0.950	0.573	0.895	0.583	0.745	0.971	0.899	0.844	0.779	0.858	0.791	0.685		0.858**	0.908**
NEAA	0.899	0.760	0.925	0.911	0.853	0.931	0.718	0.730	0.603	0.633	0.896	0.933	0.783	0.644	0.803	0.935	0.845	0.893		0.994**
TAA	0.914	0.793	0.937	0.896	0.888	0.952	0.701	0.777	0.609	0.667	0.928	0.943	0.810	0.683	0.829	0.922	0.827	0.931	0.996	

表 6-6　铁力种子园氨基酸成分间的相关关系

成分	Asp	Thr	Ser	Glu	Gly	Ala	Cys	Val	Met	Ile	Leu	Tyr	Phe	Lys	His	Arg	Pro	EAA	NEAA	TAA
Asp		0.386	0.270	0.357	0.738**	0.309	−0.157	0.167	0.297	0.386	0.566*	0.589*	0.653*	0.723*	0.242	0.483	0.027	0.679*	0.569*	0.628*
Thr	0.208		0.661*	0.446	0.471	0.433	−0.159	0.690*	0.271	0.390	0.505	0.784**	0.591*	0.275	0.410	0.672*	−0.177	0.794**	0.561*	0.655*
Ser	0.228	0.649		0.761**	0.602*	0.500	0.366	0.577*	0.459	0.365	0.517	0.620*	0.673*	0.426	0.479	0.815**	0.086	0.771**	0.856**	0.871**
Glu	0.426	0.346	0.732		0.308	0.393	0.441	0.242	0.482	0.305	0.251	0.473	0.491	0.570*	0.099	0.618*	−0.277	0.545*	0.669*	0.664*
Gly	0.802	0.179	0.448	0.396		0.537*	−0.076	0.379	0.329	0.415	0.660*	0.566*	0.695*	0.466	0.662*	0.715*	0.486	0.747**	0.849**	0.858**
Ala	−0.071	0.495	0.414	0.137	−0.070		−0.275	−0.031	0.440	0.122	0.500	0.275	0.489	−0.035	0.303	0.417	0.342	0.424	0.605*	0.580*
Cys	−0.059	−0.198	0.361	0.467	0.054	−0.324		0.210	0.299	−0.180	−0.103	0.087	0.061	0.245	−0.100	0.086	−0.001	0.037	0.234	0.187
Val	0.238	0.598	0.561	0.282	0.416	−0.150	0.237		0.309	0.249	0.330	0.554*	0.443	0.238	0.185	0.423	−0.013	0.681*	0.391	0.494
Met	0.394	0.166	0.431	0.524	0.440	0.140	0.334	0.350		0.192	0.061	0.293	0.585*	0.251	−0.119	0.157	0.182	0.468	0.459	0.483
Ile	0.478	0.265	0.335	0.366	0.515	−0.118	−0.110	0.298	0.276		0.153	0.337	0.529	0.256	0.467	0.378	−0.005	0.554*	0.386	0.453
Leu	0.668	0.282	0.432	0.341	0.766	0.021	0.001	0.382	0.208	0.295		0.587*	0.584*	0.363	0.332	0.588*	0.328	0.736*	0.658*	0.711*
Tyr	0.524	0.758	0.624	0.457	0.437	0.218	0.088	0.544	0.279	0.319	0.504		0.779*	0.497	0.500	0.648*	−0.067	0.821**	0.666*	0.742**
Phe	0.736	0.208	0.454	0.518	0.833	−0.174	0.164	0.449	0.611	0.589	0.717	0.547		0.452	0.405	0.488	0.104	0.872**	0.697*	0.781**
Lys	0.712	0.217	0.418	0.587	0.463	−0.134	0.266	0.263	0.287	0.294	0.394	0.491	0.432		0.087	0.587*	−0.267	0.578*	0.506*	0.551*
His	0.304	0.334	0.466	0.146	0.629	0.110	−0.062	0.219	−0.049	0.498	0.382	0.491	0.422	0.117		0.640*	0.377	0.408	0.610*	0.579*
Arg	0.565	0.511	0.755	0.650	0.744	0.088	0.141	0.459	0.249	0.452	0.654	0.606	0.573	0.601	0.657		0.103	0.719*	0.869**	0.866**
Pro	−0.178	−0.038	0.091	−0.353	0.061	0.513	−0.075	−0.099	0.023	−0.149	0.033	−0.060	−0.243	−0.310	0.246	−0.067		0.075	0.384	0.312
EAA	0.751	0.543	0.666	0.587	0.813	−0.005	0.114	0.682	0.538	0.619	0.800	0.721	0.879	0.580	0.447	0.760	−0.148		0.785**	0.884**
NEAA	0.555	0.507	0.851	0.672	0.723	0.403	0.250	0.404	0.469	0.399	0.621	0.662	0.567	0.515	0.616	0.848	0.295	0.739		0.984**
TAA	0.652	0.549	0.842	0.685	0.796	0.295	0.221	0.518	0.520	0.495	0.716	0.721	0.702	0.567	0.599	0.871	0.170	0.868	0.976	

表 6-7　苇河种子园氨基酸成分间的相关关系

成分	Asp	Thr	Ser	Glu	Gly	Ala	Cys	Val	Met	Ile	Leu	Tyr	Phe	Lys	His	Arg	Pro	EAA	NEAA	TAA
Asp		0.776**	0.931**	0.959**	0.962**	0.956**	0.916**	0.920**	0.902**	0.921**	0.959**	0.934**	0.955**	0.901**	0.951**	0.936**	0.884**	0.947**	0.966**	0.966**
Thr	0.771		0.927**	0.873**	0.877**	0.883**	0.865**	0.803**	0.823**	0.804**	0.888**	0.917**	0.909**	0.876**	0.906**	0.889**	0.824**	0.912**	0.887**	0.896**
Ser	0.929	0.933		0.981**	0.982**	0.973**	0.970**	0.917**	0.946**	0.905**	0.980**	0.985**	0.973**	0.914**	0.976**	0.984**	0.887**	0.980**	0.989**	0.991**
Glu	0.960	0.870	0.981		0.989**	0.992**	0.982**	0.949**	0.938**	0.934**	0.978**	0.982**	0.968**	0.898**	0.959**	0.980**	0.868**	0.975**	0.996**	0.995**
Gly	0.957	0.887	0.986	0.985		0.986**	0.968**	0.950**	0.928**	0.945**	0.989**	0.967**	0.981**	0.922**	0.965**	0.963**	0.865**	0.985**	0.988**	0.991**
Ala	0.953	0.895	0.983	0.991	0.995		0.973**	0.969**	0.923**	0.957**	0.986**	0.981**	0.972**	0.918**	0.949**	0.959**	0.865**	0.987**	0.987**	0.991**
Cys	0.915	0.879	0.981	0.984	0.978	0.986		0.953**	0.928**	0.934**	0.967**	0.976**	0.932**	0.875**	0.922**	0.954**	0.813**	0.963**	0.972**	0.973**
Val	0.897	0.819	0.917	0.931	0.952	0.971	0.961		0.875**	0.979**	0.964**	0.931**	0.920**	0.875**	0.874**	0.885**	0.765**	0.959**	0.933**	0.943**
Met	0.894	0.836	0.952	0.933	0.934	0.931	0.939	0.882		0.847**	0.921**	0.939**	0.905**	0.777**	0.899**	0.938**	0.848**	0.911**	0.944**	0.940**
Ile	0.909	0.819	0.911	0.927	0.950	0.963	0.945	0.980	0.857		0.966**	0.919**	0.936**	0.908**	0.878**	0.860**	0.769**	0.965**	0.920**	0.934**
Leu	0.952	0.896	0.984	0.973	0.991	0.990	0.976	0.962	0.925	0.968		0.976**	0.983**	0.944**	0.964**	0.951**	0.865**	0.997**	0.981**	0.989**
Tyr	0.935	0.916	0.987	0.984	0.967	0.983	0.982	0.918	0.937	0.916	0.974		0.962**	0.912**	0.960**	0.975**	0.880**	0.978**	0.986**	0.988**
Phe	0.954	0.910	0.977	0.968	0.982	0.975	0.939	0.912	0.906	0.935	0.982	0.964		0.944**	0.981**	0.952**	0.874**	0.987**	0.976**	0.982**
Lys	0.903	0.870	0.914	0.899	0.918	0.915	0.877	0.855	0.774	0.898	0.938	0.913	0.944		0.941**	0.878**	0.854**	0.953**	0.913**	0.926**
His	0.953	0.897	0.973	0.960	0.958	0.946	0.921	0.853	0.891	0.868	0.956	0.961	0.980	0.943		0.975**	0.906**	0.965**	0.977**	0.978**
Arg	0.937	0.879	0.980	0.980	0.955	0.954	0.951	0.861	0.927	0.849	0.942	0.974	0.950	0.880	0.976		0.889**	0.948**	0.989**	0.983**
Pro	0.881	0.798	0.869	0.863	0.844	0.848	0.796	0.724	0.823	0.743	0.843	0.872	0.863	0.851	0.904	0.887		0.866**	0.899**	0.895**
EAA	0.940	0.918	0.983	0.970	0.988	0.991	0.972	0.957	0.916	0.966	0.998	0.976	0.986	0.946	0.956	0.938	0.844		0.978**	0.987**
NEAA	0.967	0.885	0.989	0.996	0.985	0.987	0.974	0.918	0.939	0.915	0.977	0.987	0.976	0.914	0.978	0.988	0.892	0.974		0.999**
TAA	0.965	0.896	0.992	0.995	0.990	0.992	0.978	0.931	0.938	0.931	0.986	0.989	0.983	0.926	0.977	0.981	0.885	0.985	0.999	

6.5 种仁氨基酸组分对种仁含油率的多元回归分析

对氨基酸组分中影响蛋白质含量的重要因素进行研究，分别以 4 个种子园的种仁氨基酸组分为自变量（Z），Asp（Z_1）、Thr（Z_2）、Ser（Z_3）、Glu（Z_4）、Gly（Z_5）、Ala（Z_6）、Cys（Z_7）、Val（Z_8）、Met（Z_9）、Ile（Z_{10}）、Leu（Z_{11}）、Tyr（Z_{12}）、Phe（Z_{13}）、Lys（Z_{14}）、His（Z_{15}）、Arg（Z_{16}）、Pro（Z_{17}）、TAA（Z_{18}）、EAA（Z_{19}）。种仁蛋白质含量为因变量（Y），因变量 Y 经检验符合正态分布，可进行多元回归，得到最佳回归方程，分别为

$$Y_{HG}=-9.87-207.95Z_2+100.3Z_3-48.21Z_6-23.08Z_7+139.87Z_8+40.66Z_9-19.14Z_{12}-25.09Z_{13}+38.03Z_{14}+64.2Z_{15}-9.21Z_{16}+3.734Z_{17}-6.12Z_{19}\ (R=0.9996)$$

$$Y_{LK}=12.38-2.49Z_2+14.03Z_3+3.64Z_4-10.12Z_5+3.91Z_6-3.59Z_8+6.76Z_9+7.63Z_{11}-12.11Z_{12}-11.99Z_{15}-3Z_{16}-Z_{17}\ (R=0.9985)$$

$$Y_{TL}=3.53Z_1-6.35Z_2-6.52Z_3+2.34Z_4-1.31Z_7+10.04Z_8+1.34Z_{10}+0.44Z_{11}-4.63Z_{12}-9.23Z_{13}+14.32Z_{15}-1.35Z_{16}+1.35Z_{19}\ (R=0.9989)$$

$$Y_{WH}=21.64+13.43Z_3+43.61Z_4+104.61Z_6-62.38Z_7-51.74Z_8+44.38Z_9-13.42Z_{10}+115.09Z_{11}+6.38Z_{14}+173.72Z_{15}+16.53Z_{16}+21.31Z_{17}-28.84Z_{18}\ (R=0.9937)$$

结果表明：4 个种子园中 Thr（Z_2）、Ser（Z_3）、Glu（Z_4）、Ala（Z_6）、Cys（Z_7）、Val（Z_8）、Met（Z_9）、Leu（Z_{11}）、Tyr（Z_{12}）、His（Z_{15}）、Arg（Z_{16}）、Pro（Z_{17}）表现较为稳定，能够在 3 个以上种子园与蛋白质含量（Y）有显著的线性效应。

6.6 基于种仁氨基酸组分的遗传参数估算

由表 6-8 可知，估算种仁氨基酸组分中无性系群体遗传力水平为 42.20%～98.51%，从分布区整体上进行性状评价，以无性系均值超过各性状总均值 1 个标准差为入选标准，选择强度为 1.27～1.56，性状选择的现实增益在 9.35%～70.30%，必需氨基酸中含量较高的亮氨酸的现实增益达 37.50%，这表明，对优良无性系进行选择并进行无性繁殖，氨基酸成分能获得较高的现实增益。

表 6-8 氨基酸组分的遗传参数估算

性状	Asp	Ser	Glu	Gly	Ala	Cys	Tyr	His	Arg	Pro
入选率/%	18.33	21.67	20.00	21.67	20.00	23.33	20.00	16.67	18.33	15.00
选择强度	1.46	1.34	1.40	1.34	1.40	1.32	1.40	1.49	1.46	1.56
现实增益 ΔG/%	36.57	27.95	30.91	28.94	28.60	28.59	34.47	28.02	38.73	70.30
遗传力/%	97.38	96.35	96.56	95.51	94.67	93.65	96.26	96.53	97.79	94.21
性状	Thr*	Val*	Met*	Ile*	Leu*	Phe*	Lys*	TAA	EAA	
入选率/%	18.33	21.67	15.00	25.00	18.33	15.00	21.67	20.00	18.33	
选择强度	1.46	1.34	1.56	1.27	1.46	1.56	1.34	1.40	1.46	
现实增益 ΔG/%	28.46	40.20	9.35	39.70	37.50	39.55	31.32	32.28	33.75	
遗传力/%	95.95	98.35	42.20	98.51	97.95	96.95	98.35	97.79	98.20	

注：*代表必需氨基酸

6.7 结　　论

本研究测定出红松种仁中含有 17 种氨基酸成分，与陈红滨和刘秀坤（1990）、冯彦博和白凤翎（2003）测定的氨基酸成分结果一致，测定出 7 种必需氨基酸，氨基酸总量为 40.43%，必需氨基酸为 9.79%，必需氨基酸占氨基酸总量的 24.21%，氨基酸成分中谷氨酸含量最高，为 8.46%。氨基酸组分的变异幅度为 14.65%～38.88%，氨基酸组分具有较高的遗传改良潜力。

研究发现，种仁氨基酸组分在无性系来源群体的遗传力水平为 42.2%～98.51%，除蛋氨酸（Met）外，其余指标的遗传力均在 90%以上，说明受中等以上程度的遗传控制，估算的现实增益在 9.35%～70.30%，说明对优良无性系进行选择并进行无性繁殖，氨基酸成分能获得较高的现实增益。

相关分析结果表明，在 4 个不同种子园中 TAA、EAA、NEAA、Thr、Ser、Val、Phe 之间均相互呈显著的正相关关系，可以做联合选择；TAA、EAA、NEAA 分别与 Thr、Ser、Glu、Gly、Leu、Tyr、Phe、Lys、His、Arg、Val 呈显著或极显著正相关关系；Arg 与 Thr、Ser、Glu、Leu、Tyr、Lys、His 均呈显著正相关关系；Gly 与 Ser、Ala、Leu、Phe、His 均呈显著正相关关系；Tyr 与 Thr、Phe 均呈显著正相关关系；Glu 与 Ser 呈极显著正相关关系。上述氨基酸在不同的立地条件下，表型相关和遗传相关关系非常稳定，表明这几对性状内在的遗传基础较为密切，其他的性状在不同立地条件下的表现不尽一致。

通过多元回归分析，研究氨基酸组分中影响蛋白质含量的主要成分，结果表明：4 个种子园中 Thr、Ser、Glu、Ala、Cys、Val、Met、Leu、Tyr、His、Arg、Pro 表现较为稳定，能够在 3 个以上种子园与蛋白质含量（Y）有显著的线性效应。

第 7 章　红松单性状和多性状的选择研究

良种选择是一个复杂的过程，仅仅考虑单个性状或一类指标是不科学的，因此必须考虑树种的育种目标、性状的遗传变异水平、性状间的相关关系等，找出最优的选择方案。红松作为优良的木本油料树种，生产经营的目的是获得产量最大化和优良的品质。以往对红松无性系的研究主要集中在生长量及种实性状的研究，以红松种仁的营养成分作为育种改良目标的较少，研究以红松种实性状、红松种仁的营养成分、油脂中脂肪酸成分、蛋白质中氨基酸成分这些指标为代表，以 4 个种子园中的无性系为研究对象，研究红松无性系种子园内无性系的遗传变异规律，开展遗传参数估计，分析性状间的相关性，并根据红松无性系种实性状、营养组分等重要性状，筛选出具优良品质的无性系。

7.1　种子园内无性系间的方差分析

每个种子园分别进行单因素方差分析，方差分析结果见表 7-1～表 7-3，结果表明，红松的种实性状、脂肪酸成分、氨基酸成分在每个种子园内的无性系间均能达到显著或极显著差异。

表 7-1　4 个种子园无性系种实性状方差分析表

性状	鹤岗			林口			铁力			苇河		
	自由度	均方	F	自由度	均方	F	自由度	均方	F	自由度	均方	F
出仁率	14	8.03	2.91**	14	29.77	12.32**	14	64.57	11.04**	14	31.6	2.46*
千粒重	14	8 726	6.02**	14	14 130	14.18**	14	2 490	18.35**	14	16 899	7.89**
种仁重	14	0.001	5.16**	14	0.003	12.29**	14	0.004	8.29**	14	0.002	2.78**
种皮重	14	0.004	5.42**	14	0.006	15.3**	14	0.013	33.9**	14	0.01	9.26**
种仁重/种皮重	14	0.005	2.99**	14	0.014	12.07**	14	0.029	8.98**	14	0.024	1.97**
种长	14	6.139	4.93**	14	21.47	29.67**	14	28.5	54.64**	14	19.2	19.81**
种宽	14	2.382	2.12**	14	9.24	11.15**	14	11.72	13.47**	14	15.29	16.36**
长宽比	14	0.083	1.93*	14	0.112	3.44**	14	0.154	3.88**	14	0.203	5.53**

续表

性状	鹤岗			林口			铁力			苇河		
	自由度	均方	F	自由度	均方	F	自由度	均方	F	自由度	均方	F
油脂含量	14	99.7	18.7**	14	12.94	4.44**	14	40.85	17.38**	14	69.82	10.99**
蛋白质含量	14	19.68	74.8**	14	8.429	83.3**	14	12.34	75.55**	14	10.47	23.84**
多糖含量	14	8.827	56.85**	14	17.64	37.81**	14	13.23	33.26**	14	42.45	42.5**
多酚含量	14	1.754	31.83**	14	6.358	71.6**	14	16.55	71.56**	14	13.05	30.45**
黄酮含量	14	15.23	58.06**	14	55.65	27.1**	14	55.65	23.1**	14	7.430	85.94**

注：**表示差异极显著(P<0.01)，*表示差异显著(P<0.05)。表 7-2、表 7-3 同此

表 7-2 4 个种子园无性系脂肪酸成分方差分析表

成分	鹤岗			林口			铁力			苇河		
	自由度	均方	F	自由度	均方	F	自由度	均方	F	自由度	均方	F
∑SFA	14	1.181	5.24**	14	1.193	682.4**	14	2.255	317**	14	2.025	432*
C16:1	14	0.003	51.06**	14	0.002	10.80**	14	0.006	75.95**	14	0.004	61.1**
C18:1	14	7.925	946.17**	14	15.89	169**	14	11.58	127**	14	5.776	409.8**
C20:1	14	0.060	74.62**	14	0.097	194.64**	14	0.093	215.76**	14	0.110	852.7**
∑MUFA	14	6.881	103**	14	14.20	912**	14	10.23	106**	14	4.443	357**
C18:2	14	2.125	861.64**	14	4.96	587**	14	1.327	161**	14	1.340	1046**
C18:3	14	1.313	180.51**	14	14.00	112**	14	2.022	348**	14	1.252	371**
C20:2	14	0.264	396.3*	14	0.05	45.19**	14	0.086	219**	14	0.062	658**
∑PUFA	14	5.701	519.6**	14	6.38	293**	14	4.216	221**	14	2.118	110**
∑USFA	14	2.318	140.85**	14	2.026	612.2**	14	3.046	115**	14	3.516	104**

表 7-3 4 个种子园无性系氨基酸成分方差分析表

成分	鹤岗			林口			铁力			苇河		
	自由度	均方	F	自由度	均方	F	自由度	均方	F	自由度	均方	F
Asp	14	0.891	25.4**	14	0.519	50.9**	14	0.392	32.93**	14	0.742	44.56**
Thr	14	0.026	50.69**	14	0.066	11.85**	14	0.092	31.7**	14	0.099	25.71**
Ser	14	0.218	14.0**	14	0.233	25.33**	14	0.234	94.61**	14	0.390	17.69**
Glu	14	2.225	64.02**	14	3.828	15.76**	14	1.629	60.21**	14	5.113	14.90**
Gly	14	0.532	36.8**	14	0.186	14.09**	14	0.147	10.72**	14	0.326	22.72**
Ala	14	0.303	20.7**	14	0.171	50.98**	14	0.166	89.08**	14	0.275	12.29**
Cys	14	0.019	19.26**	14	0.041	22.9**	14	0.096	12.60**	14	0.032	67.18**
Val	14	0.025	37.21**	14	0.071	26.33**	14	0.115	65.25**	14	0.087	96.9**

续表

成分	鹤岗			林口			铁力			苇河		
	自由度	均方	F	自由度	均方	F	自由度	均方	F	自由度	均方	F
Met	14	0.018	31.87**	14	0.015	38.57**	14	0.043	84.65**	14	0.035	74.51**
Ile	14	0.018	11.61**	14	0.029	30.59**	14	0.105	21.56**	14	0.080	92.98**
Leu	14	0.198	14.74**	14	0.38	68.4**	14	0.396	65.3**	14	0.464	42.6**
Tyr	14	0.067	10.73**	14	0.122	10.72**	14	0.175	54.2**	14	0.195	52.25**
Phe	14	0.043	79.88**	14	0.114	24.9**	14	0.197	79.8**	14	0.086	32.9**
Lys	14	0.039	26.33**	14	0.085	21.75**	14	0.074	58.76**	14	0.119	37.15**
His	14	0.016	24.93**	14	0.025	18.95**	14	0.063	14.62**	14	0.041	45.33**
Arg	14	1.616	23.75**	14	3.110	36.61**	14	1.385	26.31**	14	3.318	31.88**
Pro	14	0.313	53.4**	14	1.482	18.07**	14	2.359	31.06**	14	0.184	20.92**
TAA	14	44.66	33.4**	14	72.33	73.71**	14	29.6	21.09**	14	10.49	14.72**
EAA	14	1.813	97.2**	14	3.116	23.64**	14	3.093	34.24**	14	5.322	67.65**

从前面的论述中可知，红松的性状或指标在各种子园的无性系间差异显著，因此可以对各种子园红松无性系进行各指标的单性状选择，无性系的性状或指标的平均值及变异系数见附表 1～附表 12。鹤岗种子园中，出仁率排名前 2 位的无性系为 HG23、HG41，分别为 37.99%、36.48%；千粒重指标前 2 位的无性系为 HG14、HG2，分别为 655.2g、613.4g；种长指标前 2 位的无性系为 HG39、HG21，分别为 14.89mm、14.68mm；油脂含量前 2 位的无性系为 HG21、HG6，分别为 70.59%、59.55%；蛋白质前 2 位的无性系为 HG6、HG8，分别为 12.78%、12.57%；单不饱和脂肪酸前 2 位的无性系为 HG17、HG43，分别为 28.21%、28.1%；多不饱和脂肪酸前 2 位的无性系为 HG21、HG8，分别为 61.75%、61.01%；必需氨基酸含量前 2 位的无性系为 HG6、HG39，分别为 9.64%、9.54%；氨基酸总量前 2 位的无性系为 HG6、HG8，分别为 44.29%、41.67%。

林口种子园中，出仁率排名前 2 位的无性系为 LK27、LK11，分别为 36.77%、36.053%；千粒重指标前 2 位的无性系为 LK20、LK19，分别为 625.9g、607.6g；种长指标前 2 位的无性系为 LK19、LK27，分别为 16.0mm、15.41mm；油脂含量前 2 位的无性系为 LK27、LK6，分别为 67.37%、66.80%；蛋白质前 2 位的无性系为 LK11、LK26，分别为 12.69%、11.46%；单不饱和脂肪酸前 2 位的无性系为 LK3、LK11，分别为 27.63%、27.59%；多不饱和脂肪酸前 2 位的无性系为 LK27、LK24，分别为 63.43%、60.96%；必需氨基酸含量前 2 位为 LK36、LK32，分别为 14.24%、14.15%；氨基酸总量前 2 位为 LK32、LK36，分别为

59.11%、58.32%。

铁力种子园中，出仁率排名前 2 位的无性系为 TL1357、TL1383，分别为 38.42%、38.12%；千粒重指标前 2 位的无性系为 TL1194、TL1271，分别为 594.4g、582.6g；种长指标前 2 位的无性系为 TL1194、TL1131，分别为 15.77mm、15.37mm；油脂含量前 2 位的无性系为 TL1024、TL3083，分别为 62.65%、61.65%；蛋白质前 2 位的无性系为 TL1024、TL1601，分别为 11.84%、11.23%；单不饱和脂肪酸前 2 位的无性系为 TL1104、TL1209，分别为 26.94%、26.88%；多不饱和脂肪酸前 2 位的无性系为 TL1185、TL3083，分别为 62.53%、62.29%；必需氨基酸含量前 2 位为 TL3101、TL1194，分别为 11.47%、10.68%；氨基酸总量前 2 位为 TL1194、TL3101，分别为 44.14%、41.98%。

苇河种子园中，出仁率排名前 2 位的无性系为 WH071、WH162，分别为 43.13%、39.81%；千粒重指标前 2 位的无性系为 WH067、WH110，分别为 643.2g、617.6g；种长指标前 2 位的无性系为 WH019、WH067，分别为 16.04mm、15.69mm；油脂含量前 2 位的无性系为 WH066、WH071，分别为 61.11%、58.09%；蛋白质前 2 位的无性系为 WH162、WH117，分别为 9.77%、9.05%；单不饱和脂肪酸前 2 位的无性系为 WH065、WH117，分别为 26.76%、26.09%；多不饱和脂肪酸前 2 位的无性系为 WH110、WH042，分别为 61.04%、60.75%；必需氨基酸含量前 2 位为 WH162、WH066，分别为 11.47%、10.68%；氨基酸总量前 2 位为 WH028、WH019，分别为 49.65%、43.34%。

7.2 无性系单性状评价

7.2.1 无性系种实性状的评价

采用单因素完全随机线性模型分析每个无性系种子园的遗传参数，同一无性系的不同分株之间没有亲子代的区别，表现型不一致主要是由环境因素造成的，它们仅是同一基因型在空间上的重复而已。无性系测验中，无性系间的差异除了在遗传基因型间的差异外，还包括一些永久环境效应带来的差异，因此，只能计算无性系的重复力。重复力是指同一基因型的生物在不同时间或不同地点的表型持续稳定程度，其主要用途有 4 个方面：一是决定数量性状度量次数；二是预测个体的未来表现；三是可以作为广义遗传力的上限估计值；四是估计无性系选择的现实增益。

鹤岗红松种子园的种实性状的无性系重复力为 48.19%～98.66%，种子园内油脂含量、蛋白质含量、多糖含量、多酚含量、黄酮含量的无性系重复力较高，在 90%以上；林口红松种子园的种实性状的无性系重复力为 70.93%～98.80%，种子园内除长宽比、油脂含量外，其余指标的无性系重复力均在 90%以上；铁力红松种子园的种实性状的无性系重复力为 74.23%～98.68%，种子园内除长宽比、种仁重、种仁重/种皮重外，其余指标的无性系重复力均在 90%以上；苇河红松种子园的种实性状的无性系重复力为 49.24%～98.84%，种子园内种长、种宽、油脂含量、蛋白质含量、多糖含量、多酚含量、黄酮含量的无性系重复力较高，在 90%以上。可见，红松种实性状的无性系平均重复力较高（表 7-4）。

表 7-4　红松种实性状选择评价及重复力估算

种子园	性状	出仁率	千粒重	种仁重	种皮重	种仁重/种皮重	种长	种宽	长宽比	油脂含量	蛋白质含量	多糖含量	多酚含量	黄酮含量
鹤岗	入选率/%	20.00	20.00	13.33	13.33	6.67	26.67	6.67	6.67	6.67	13.33	26.67	13.33	6.67
	选择差	2.27	66.14	0.03	0.05	0.08	0.47	0.78	0.10	15.31	5.33	2.24	9.87	2.86
	现实增益/%	6.54	11.89	14.21	14.60	15.59	3.27	8.82	6.09	27.69	72.60	20.30	16.83	30.94
	重复力/%	65.64	83.39	80.62	81.55	66.56	79.72	52.83	48.19	94.55	98.66	98.24	96.86	98.28
林口	入选率/%	6.67	6.67	20.00	6.67	6.67	20.00	20.00	6.67	6.67	13.33	6.67	26.67	20.00
	选择差	3.41	79.53	0.04	0.08	0.08	1.21	0.91	0.10	3.93	2.47	5.81	20.02	7.25
	现实增益/%	10.45	14.56	20.07	20.50	15.77	8.44	10.04	6.35	6.19	25.76	53.98	39.25	60.90
	重复力/%	91.88	92.95	91.86	93.46	91.71	96.63	91.03	70.93	77.48	98.80	97.36	98.6	96.31
铁力	入选率/%	13.33	20.00	13.33	13.33	13.33	13.33	6.67	13.3	20.00	20.00	20.00	20.00	6.67
	选择差	3.07	188.6	0.07	0.14	0.08	2.85	1.97	0.07	7.51	1.55	1.69	8.29	5.55
	现实增益/%	8.93	39.44	41.63	45.68	14.65	20.19	22.64	4.50	13.29	17.69	14.31	9.86	47.76
	重复力/%	90.94	94.55	87.94	97.05	88.86	98.17	92.58	74.23	94.25	98.68	96.99	98.60	95.58
苇河	入选率/%	6.67	20.00	6.67	20.00	6.67	13.33	6.67	20.0	6.67	20.00	20.00	6.67	13.33
	选择差	1.96	27.36	0.01	0.02	0.06	0.33	0.97	0.01	4.19	1.11	1.19	19.49	0.62
	现实增益/%	16.53	19.74	23.04	24.18	30.63	10.98	24.31	6.27	18.04	46.82	36.56	43.58	22.68
	重复力/%	59.35	87.33	64.03	89.20	49.24	94.95	93.89	81.9	90.90	95.97	97.65	97.67	98.84

分别对每个无性系种子园进行无性系评价，以无性系均值超过各性状总均值 1 个标准差为入选标准。鹤岗红松种子园的无性系选择的现实增益为 3.27%～72.60%，林口红松种子园的无性系选择的现实增益为 6.19%～60.90%，铁力红松种子园的无性系选择的现实增益为 4.50%～47.76%，苇河红松种子园的无性系选择的现实增益为 6.27%～46.82%。这说明，通过重复力估算对优良无性系进行选择并进行无性繁殖，能获得较高的现实增益。其中，出仁率、千粒重、种仁重、

种仁重/种皮重、油脂含量、蛋白质含量、多糖含量、多酚含量、黄酮含量在 4 个种子园的现实增益均能达 5%以上，千粒重、种仁重、种仁重/种皮重的现实增益达 10%以上。

7.2.2　无性系脂肪酸成分的评价

鹤岗红松种子园的脂肪酸组分的无性系重复力为 80.92%～99.03%，林口红松种子园的脂肪酸组分的无性系重复力为 85.34%～98.26%，铁力红松种子园的脂肪酸组分的无性系重复力为 93.65%～99.17%，苇河红松种子园的脂肪酸组分的无性系重复力为 80.17%～97.93%。红松脂肪酸成分指标的无性系平均重复力都较高。

分别对每个无性系种子园进行无性系评价，以无性系均值超过各性状总均值 1 个标准差为入选标准。鹤岗红松种子园的无性系选择的现实增益为 1.25%～45.18%，林口红松种子园的无性系选择的现实增益为 1.08%～42.67%，铁力红松种子园的无性系选择的现实增益为 1.42%～55.78%，苇河红松种子园的无性系选择的现实增益为 1.41%～26.47%。这表明，通过重复力估算对优良无性系进行选择并进行无性繁殖，能获得较高的增益。

由表 7-5 还可知，4 个无性系种子园的无性系重复力上限值均在 80%以上，说明无性系间的性状差异主要是遗传效应造成的，脂肪酸组分受遗传控制程度较强，若进行性状选择，将获得较高的增益。脂肪酸组分中 C16:1、C18:1、C20:1、C18:3、C20:2 在 4 个种子园中均能达到 5%以上的现实增益；脂肪酸组分中 C20:2 的现实增益在 4 个种子园中均表现较高，现实增益（ΔG）变幅为 17.12%～55.78%。

表 7-5　种仁脂肪酸成分的选择评价与重复力估算

种子园	性状	∑SFA	C16:1	C18:1	C20:1	∑MUFA	C18:2	C18:3	C20:2	∑PUFA	∑USFA
鹤岗	入选率/%	20.00	20.00	20.00	13.33	26.67	20.00	20.00	13.33	13.33	20.00
	选择差	0.79	0.05	1.85	0.18	1.67	1.17	0.88	0.43	2.45	1.07
	现实增益/%	6.96	37.57	7.65	8.76	6.33	2.81	5.46	45.18	4.16	1.25
	重复力/%	80.92	98.04	97.68	96.09	99.03	98.24	94.59	98.35	94.9	97.55
林口	入选率/%	13.33	26.67	20.00	6.67	13.33	26.67	6.67	13.33	6.67	13.33
	选择差	1.28	0.03	2.75	0.48	2.79	0.99	7.31	0.24	3.61	0.92
	现实增益/%	10.59	16.83	12.23	22.08	11.26	2.37	42.67	22.06	6.04	1.08
	重复力/%	85.34	90.74	97.98	94.87	98.26	93.64	96.94	96.98	96.90	97.51

续表

种子园	性状	∑SFA	C16:1	C18:1	C20:1	∑MUFA	C18:2	C18:3	C20:2	∑PUFA	∑USFA
铁力	入选率/%	13.33	20.00	20.00	33.33	20.00	13.33	20.00	6.67	13.33	20.00
	选择差	1.34	0.07	2.98	0.21	2.87	1.12	1.13	0.57	1.97	1.20
	现实增益/%	10.80	39.00	13.81	9.81	12.02	2.63	6.69	55.78	3.26	1.42
	重复力/%	96.81	96.15	98.97	93.65	99.07	93.79	97.82	95.43	95.47	99.17
苇河	入选率/%	6.67	13.33	20.00	6.67	40.00	6.67	13.33	6.67	20.00	13.33
	选择差	2.57	0.05	1.93	0.24	1.07	1.20	1.03	0.19	1.23	1.19
	现实增益/%	20.89	26.47	8.62	10.88	4.31	2.84	6.28	17.12	2.06	1.41
	重复力/%	97.67	80.17	97.93	96.65	97.92	94.55	97.31	94.93	95.73	96.71

7.2.3　无性系氨基酸成分的评价

鹤岗红松种子园的氨基酸组分的无性系重复力为 90.68%～98.97%，林口红松种子园的氨基酸组分的无性系重复力为 90.67%～98.64%，铁力红松种子园的氨基酸组分的无性系重复力为 92.06%～98.94%，苇河红松种子园的氨基酸组分的无性系重复力为 91.86%～98.97%。红松种仁氨基酸成分指标的无性系平均重复力都较高。

分别对每个无性系种子园进行无性系评价，以无性系均值超过各性状总均值 1 个标准差为入选标准。鹤岗红松种子园的无性系选择的现实增益为 0.45%～18.0%，林口红松种子园的无性系选择的现实增益为 6.56%～28.61%，铁力红松种子园的无性系选择的现实增益为 12.48%～121.2%，苇河红松种子园的无性系选择的现实增益为 25.28%～45.90%。说明，通过重复力估算对优良无性系进行选择并进行无性繁殖，能获得较高的现实增益。

由表 7-6 可知，4 个无性系种子园的无性系重复力上限值均在 90%以上，说明无性系间的性状差异主要是遗传效应造成的，氨基酸组分受遗传控制程度较强，若进行性状选择，将获得较高的增益。氨基酸组分中，Asp、Ser、Gly、Ala、Cys、Val、Met、Tyr、Pro、TAA 的选择效果明显，在 4 个种子园中均能达到 5%以上的现实增益。

表 7-6　种仁氨基酸成分的选择评价与重复力估算

种子园	性状	Asp	Thr	Ser	Glu	Gly	Ala	Cys	Val	Met	Ile	Leu	Tyr	Phe	Lys	His	Arg	Pro	TAA	EAA
鹤岗	入选率/%	6.67	22.22	13.33	20.00	15.56	13.33	8.89	8.89	13.33	13.33	13.33	15.56	13.33	15.56	24.44	13.33	13.33	13.33	20.00
	选择差	0.16	0.04	0.13	0.35	0.20	0.24	0.07	0.05	0.06	0.02	0.10	0.07	0.05	0.01	0.02	0.29	0.32	2.16	0.31
	现实增益/%	5.05	3.50	5.80	4.58	8.54	12.25	9.71	5.12	7.91	2.24	4.08	5.24	4.19	0.45	2.07	4.88	18.00	5.91	3.72
	重复力/%	96.06	98.03	92.86	98.41	97.21	95.17	94.81	97.31	96.86	91.39	93.22	90.68	98.75	96.20	95.99	95.79	98.13	97.01	98.97
林口	入选率/%	31.11	22.22	6.67	46.67	22.22	17.78	15.56	11.11	13.33	13.33	20.00	24.44	26.67	4.44	15.56	26.67	6.67	13.33	20.00
	选择差	0.44	0.21	0.31	0.70	0.25	0.31	0.15	0.29	0.10	0.18	0.40	0.24	0.27	0.40	0.14	1.13	0.85	5.74	1.45
	现实增益/%	9.61	14.00	10.15	6.56	9.79	13.16	15.22	17.22	14.83	12.57	10.99	12.40	15.19	19.63	12.62	12.38	28.61	11.04	11.44
	重复力/%	98.04	91.56	96.05	93.65	92.90	98.04	95.63	96.20	97.41	96.73	98.54	90.67	95.98	95.40	94.72	97.27	94.47	98.64	95.77
铁力	入选率/%	13.33	26.67	8.89	8.89	17.78	20.00	20.00	24.44	24.44	13.33	13.33	17.78	6.67	17.78	13.33	13.33	6.67	6.67	6.67
	选择差	0.62	0.21	0.59	1.03	0.35	0.32	0.28	0.25	0.15	0.30	0.59	0.37	0.66	0.20	0.24	1.21	2.47	4.85	1.76
	现实增益/%	17.70	17.82	26.59	12.93	19.29	18.27	33.41	21.02	23.69	28.62	21.55	25.91	48.13	12.90	25.07	18.21	121.2	12.48	18.08
	重复力/%	96.93	96.84	98.94	98.34	96.67	98.88	92.06	98.47	98.82	95.36	98.47	98.15	98.75	98.29	93.16	96.19	96.78	95.26	97.08
苇河	入选率/%	15.56	20.00	13.33	13.33	13.33	13.33	13.33	13.33	13.33	13.33	13.33	13.33	13.33	13.33	13.33	13.33	13.33	13.33	13.33
	选择差	0.92	0.27	0.70	2.63	0.67	0.63	0.21	0.37	0.21	0.38	0.84	0.51	0.34	0.38	0.21	1.85	0.41	11.63	2.82
	现实增益/%	30.91	25.28	32.40	34.77	37.33	37.37	28.76	36.53	31.28	45.90	36.01	39.54	29.92	29.85	28.04	32.39	27.68	33.74	33.92
	重复力/%	97.76	96.11	94.35	93.29	95.56	91.86	98.51	98.97	96.66	98.92	97.65	98.09	96.96	97.31	97.78	96.86	95.22	93.21	98.52

7.3　多性状选择与评价

7.3.1　多性状选择体系的建立

本研究中红松的改良目标是提高千粒重、出仁率、油脂含量、蛋白质含量、不饱和脂肪酸含量及氨基酸含量，并期望通过选择和改良降低种皮重、灰分含量、粗纤维含量、饱和脂肪酸含量、非必需氨基酸含量。第 4 章涉及的种实性状及营养成分组成、第 5 章涉及的脂肪酸成分、第 6 章中涉及的氨基酸成分指标较多，通过对所有性状分析表明，在种实性状中千粒重、出仁率、种长、种皮重、种仁重、油脂含量、蛋白质含量、灰分、粗纤维，脂肪酸成分中的∑SFA、∑MUFA、∑PUFA 和氨基酸成分中的 EAA、NEAA、TAA 较为重要，这些性状在每个种子园无性系间均达到显著差异水平（表 7-1～表 7-3）。性状指标间的相关分析结果说明红松种子表型性状与营养成分指标间相关性不显著。在种实性状中，千粒重、出仁率、种长、种皮重、种仁重、油脂含量、蛋白质含量、灰分含量、粗纤维含量这些性状的无性系重复力在 4 个种子园中都较高，说明受到较强的遗传控制（表 7-4），且结合相关分析和育种目标，种实性状中选择千粒重、出仁率、种长、种皮重、种仁重、油脂含量、蛋白质含量、灰分含量、粗纤维含量作为选择指标。在脂肪酸成分中无性系重复力在 80%以上，受较强的遗传控制（表 7-5），结合成分间的相关分析和育种目标，选择∑SFA、∑MUFA、∑PUFA 作为选择指标。氨基酸成分中的无性系重复力在 90%以上，受较强的遗传控制（表 7-6），结合成分间的相关分析和育种目标，选择 EAA、NEAA、TAA 作为选择指标。

综合指数选择法是期望在一些重要性状上获得较大的改良效果，但又需要考虑每种性状的经济重要性程度。根据各性状的遗传力大小、表型方差、经济加权值，以及相应的遗传相关和表型相关，以所考虑性状的综合育种值进展最大为目的。约束指数选择法是在综合指数选择的基础上，人为地对一些性状控制，限制其遗传参数，对另一些性状进行改进。在目前林木的多性状选择中，综合指数选择法依然是较为理想的方法。

主成分分析方法是采用降维的思想把多个指标化为少数几个综合指标的一种统计分析方法。找出几个综合因子代表原来较多的变量，这些因子仍能反映原来变量的信息量。

7.3.2　综合指数选择法评价

林木育种中多性状选择综合了多个性状的信息，指数选择法根据育种目的选择目标性状，依据各性状的遗传力水平、性状的表型方差、设置权重和对应性状的遗传相关和表型相关，估计一个综合育种值，使育种目标性状获得最大的改进，选择性状优良、生长性强的无性系应用于林业生产。

考虑到红松重要的经济指标，每个种子园中选择红松的种实性状中的出仁率（X_1）、千粒重（X_2）、种皮重（X_3）、种长（X_4）、油脂（X_5）、蛋白质（X_6）、灰分（X_7）、粗纤维（X_8）、脂肪酸成分中的∑SFA（X_9）、∑MUFA（X_{10}）、∑PUFA（X_{11}）和氨基酸成分中的 EAA（X_{12}）、NEAA（X_{13}）、TAA（X_{14}），共 14 个指标。经济权重采用等权法，每个种子园分别设置性状的经济权重向量，鹤岗种子园的经济权重向量 $\boldsymbol{W}$=（0.49、0.02、−25.77、1.77、17.64、0.04、−0.75、−0.7、−1.37、0.68、0.74、1.32、−0.33、0.27）；林口种子园的经济权重向量 $\boldsymbol{W}$=（0.34、0.02、−23.2、1.20、40.49、0.06、−0.63、−0.85、−1.62、0.47、0.71、1.00、−0.26、0.21）；铁力种子园的经济权重向量 $\boldsymbol{W}$=（0.24、0.01、−16.92、1.07、26.18、0.05、−0.67、−0.78、−1.18、0.55、0.86、1.01、−0.44、0.33）；苇河种子园的经济权重向量 $\boldsymbol{W}$=（0.4、0.01、−18.87、1.12、19.42、0.05、−0.61、−1.04、−1.24、0.84、1.22、0.77、−0.23、0.18）。为消减指数方程中种皮重（X_3）、灰分（X_7）、粗纤维（X_8）、∑SFA（X_9）、NEAA（X_{13}）的负面影响，采用 Kemthore 约束指数选择法，将 X_3、X_7、X_8、X_9、X_{13} 的遗传参数约束为零，使其他性状能够获得最大增益。

鹤岗种子园的性状育种值选择进展及约束和无约束指数选择方程显示，方程 I_1、I_2、I_3、I_4、I_6、I_7、I_9、I_{10}、I_{11}、I_{14} 综合育种值选择进展虽然较高，但是，在这几个方程中存在出仁率、千粒重、氨基酸总量、油脂或蛋白质这些指标的偏回归系数为负值的现象，且方程 I_1、I_3 的遗传力为负值，因此方程不理想；方程 I_5、I_8、I_{12}、I_{13}、I_{15} 中，方程 I_5 的综合育种值选择进展较高，且指数估计的准确度为 0.98，指数遗传力为 1.03，因此方程 I_5 最理想，根据指数选择方程 I_5 计算各无性系指数值，并排序。排在前 3 位的无性系为 HG21、HG6、HG8，在千粒重、种长、油脂、蛋白质、∑PUFA、EAA、TAA 这些性状中，3 个优良无性系的性状平均值比鹤岗种子园平均值分别高出 2.72%、2.12%、14.6%、56.67%、2.57%、4.01%、6.76%，出仁率、∑MUFA 分别较平均值低 1.49%、0.85%，而灰分、粗纤维含量分别较平均值低 19.68%、28.3%。排在前 5 位的无性系为 HG21、HG6、HG8、HG12、HG14，在千粒重、种长、油脂、蛋白质、∑MUFA、∑PUFA、EAA、TAA 这些性状中，5 个优良无性系的性状平均值比平均值分别高出 6.70%、2.27%、8.56%、30.76%、0.43%、0.9%、2.99%、4.77%，出仁率较平均值低 0.39%，而灰分、粗纤维含量分别较平均值低 10.07%、20.5%（表 7-7，表 7-8）。

表 7-7　鹤岗种子园不同性状配合的约束和无约束指数选择

处理	性状配合及指数选择方程	选择进展	准确度	遗传力
无约束	I_1=−130.19X_1+16.66X_2−26 016X_3+7.87X_4−551.12X_5+0.11X_6−14.91X_7 −9.87X_8+1.56X_9+14.00X_{10}+12.93X_{11}+54.75X_{12}+49.16X_{13}−50.37X_{14}	2.73	0.76	−21.52
	I_2=−36.83X_1+4.68X_2−7340.18X_3+6.85X_4−124.55X_5−0.05X_6−4.06X_7 −3.08X_8−0.22X_9+3.85X_{10}+3.58X_{11}−2.75X_{12}+ 0.99X_{13}	3.36	0.95	0.29
	I_3=−92.45X_1+11.81X_2−18 445X_3+7.62X_4−375.94X_5+0.05X_6−10.30X_7 −6.81X_8+0.83X_9+9.77X_{10}+9.27X_{11} +0.31X_{12}	2.99	0.83	−6.83
无约束	I_4=−33.13X_1+4.27X_2−6672.29X_3+4.21X_4−118.48X_5+0.02X_6−4.1X_7−3.03X_8 −0.16X_9+4.02X_{10}+3.69X_{11}	3.36	0.93	0.22
	I_5=0.02X_2−23.18X_3+1.27X_4+33.92X_5+0.02X_6−0.04X_7−0.25X_8−0.57X_9 +0.36X_{10}+1.08X_{11}+1.29X_{12}	3.50	0.98	1.03
	I_6=−0.03X_2+26.94X_3+4.30X_4+41.76X_5−0.07X_6+0.09X_7−0.49X_8−0.5X_9 +0.14X_{10}+0.40X_{11}−2.79X_{12}+1.18X_{13}	3.32	0.97	0.90
	I_7=−4.72X_1+0.60X_2−953.72X_3+3.76X_4+6.19X_5−0.03X_6−1.06X_9+0.24X_{10} +0.91X_{11}−6.75X_{12}−4.09X_{13}+5.14X_{14}	2.91	0.95	0.89
	I_8=0.03X_2−47.57X_3+0.83X_4+19.38X_5+0.02X_6−0.48X_9+0.44X_{10}+1.10X_{11} −4.81X_{12}−7.15X_{13}+7.11X_{14}	2.81	0.98	1.04
约束	I_9=−2.47X_1+0.38X_2−571.08X_3−0.03X_4−13.15X_5+0.09X_6+0.41X_7−0.33X_8 −0.10X_9+0.54X_{10}+1.26X_{11}+ 5.37X_{12}+0.33X_{13}−1.71X_{14}	2.06	0.57	0.87
	I_{10}=−2.71X_1+0.41X_2−620.87X_3−0.08X_4−14.78X_5+0.09X_6+0.38X_7−0.36X_8 −0.11X_9+0.54X_{10}+1.27X_{11}+ 3.54X_{12}−1.35 X_{13}	2.04	0.57	0.87
	I_{11}=23.06X_1−2.8756X_2+4526X_3+0.15X_4+120.08X_5+0.05X_6+3.32X_7+2.46X_8 −1.79X_9−2.33X_{10}−0.99X_{11}+ 0.66X_{12}	3.14	0.87	1.03
	I_{12}=0.05X_2−39.6154X_3−1.82X_4+8.80X_5+0.08X_6−0.74X_7+0.80X_8−0.36X_9 +0.14X_{10}+0.71X_{11}+6.28X_{12}−2.05X_{13}+ 0.095X_{14}	1.91	0.54	0.70
	I_{13}=0.002X_2+42.63X_3+0.08X_4+33.52X_5+0.08X_6+0.44X_7+2.30X_8−0.23X_9 +0.16X_{10}+1.69X_{11}−0.55X_{12}	2.75	0.77	1.35
	I_{14}=9.00X_1−1.07X_2+1678.98X_3−1.39X_4+43.21X_5+0.05X_6+0.09X_9+0.30X_{10} +0.41X_{11}+3.18X_{12}−4.48X_{13}+ 2.97X_{14}	2.19	0.72	0.83
	I_{15}=0.06X_2−67.78X_3−0.08X_4+21.05X_5+0.05X_6+0.008X_9+1.19X_{10}+1.41X_{11} +3.32X_{12}−1.04X_{13}+130.07X_{14}	2.18	0.76	0.85

表 7-8　鹤岗种子园无性系平均值与指数选择

无性系号	性状均值														指数选择
	出仁率/%	千粒重/g	种皮重g/粒	种长/mm	油脂含量/%	蛋白质含量/%	灰分含量/%	粗纤维含量/%	∑SFA/%	∑MUFA/%	∑PUFA/%	必需氨基酸EAA/%	非必需氨基酸NEAA/%	总氨基酸含量TAA/%	
HG21	33.9	578	0.38	14.68	70.59	9.17	2.27	1.15	11.99	26.18	61.75	7.3	24.75	32.06	51.16
HG6	34.33	569.2	0.37	14.4	59.55	12.78	5.39	4.86	10.72	26.78	58.57	9.64	34.65	44.29	47.73
HG8	34.14	566.2	0.37	14.59	58.75	12.57	6.3	4.75	12.18	26.73	61.01	9.37	32.3	41.67	47.61

续表

无性系号	性状均值														指数选择
	出仁率/%	千粒重/g	种皮重g/粒	种长/mm	油脂含量/%	蛋白质含量/%	灰分含量/%	粗纤维含量/%	∑SFA/%	∑MUFA/%	∑PUFA/%	必需氨基酸EAA/%	非必需氨基酸NEAA/%	总氨基酸含量TAA/%	
HG12	34.98	597.88	0.39	14.56	56.13	7.17	6.01	3.29	11.55	26.83	58.59	7.98	26.39	34.37	46.02
HG14	35.16	655.2	0.43	14.66	58.96	6.33	6.08	5.84	10.73	28.02	57.36	9.13	31.52	40.64	45.75
HG43	34.56	550.9	0.36	14.41	56.44	6.74	6.38	5.15	10.88	28.10	57.9	8.75	29.82	38.57	45.31
HG49	34.3	487.29	0.32	13.57	59.0	9.12	6.85	4.4	11.9	26.38	59.44	8.35	29.61	37.96	44.9
HG39	34.68	569.6	0.37	14.89	51.64	6.61	7.05	6.22	11.48	25.57	59.94	9.54	29.8	39.34	44.49
HG10	36.24	545.7	0.35	14.17	53.4	5.74	5.71	5.3	11.58	25.39	58.24	7.4	24.48	31.87	43.9
HG41	36.48	532.8	0.34	14.09	53.07	5.33	5.08	6.44	11.22	25.59	59.87	8.14	27.31	35.45	43.52
HG1	33.83	527.29	0.35	13.64	54.46	6.59	5.06	6.75	12.38	27.23	56.52	8.36	27.84	36.2	43.26
HG17	32.31	506.9	0.34	13.73	54.81	7.05	6.96	5.84	11.61	28.21	57.85	8.43	27.94	36.37	43.23
HG44	33.31	561.8	0.37	13.51	54.46	4.80	6.02	4.86	10.77	27.92	58.63	8.43	28.52	36.95	43.05
HG23	37.99	478.2	0.3	14.65	48.88	4.03	5.29	6.38	10.54	26.81	59.74	7.11	22.22	29.33	42.08
HG2	33.37	613.4	0.41	14.26	44.46	6.09	6.45	3.83	11.33	26.14	58.5	8.55	29.12	37.68	41.4

林口种子园的性状育种值选择进展及约束和无约束指数选择方程（表 7-9）显示，方程 I_1、I_2、I_3、I_5、I_6、I_7、I_8、I_9、I_{10}、I_{11}、I_{12}、I_{13}、I_{14}、I_{15} 指数遗传力均为负值，因此方程不理想；方程 I_4 的综合育种值选择进展较高，为 3.23，且指数估计的准确度为 1.10，指数遗传力为 0.20，因此方程 I_4 最理想，根据指数选择方程 I_4 计算各无性系指数值，并排序（表 7-10）。排在前 3 位的无性系为 LK20、LK19、LK27，在出仁率、千粒重、种长、油脂、蛋白质、∑PUFA、EAA、TAA 这些性状中，3 个优良无性系的性状平均值比无性系总平均值分别高出 5.52%、12.27%、7.59%、1.89%、2.52%、3.15%、2.53%、1.92%，∑MUFA 较林口种子园平均值低 4.66%，而灰分、NEAA 含量分别较林口种子园平均值低 11.58%、0.66%。排在前 5 位的无性系为 LK20、LK19、LK27、LK18、LK11，在出仁率、千粒重、种长、油脂、蛋白质、∑PUFA、EAA 这些性状中，3 个优良无性系的性状平均值比林口种子园平均值分别高出 5.99%、11.32%、6.61%、1.47%、10.55%、1.23%、1.49%，∑MUFA 较林口种子园平均值低 0.75%，而灰分、粗纤维、NEAA 含量分别较总平均值低 8.76%、7.13%、1.93%。

表 7-9　林口种子园不同性状配合的约束和无约束指数选择

处理	性状配合及指数选择方程	选择进展	准确度	遗传力
无约束	$I_1=-7.86X_1+1.39X_2-1288X_3-47.88X_4-538.1X_5-0.18X_6+0.62X_7+4.77X_8-52.94X_9-64.42X_{10}-71.34X_{11}-28.85X_{12}-36.64X_{13}+34.16X_{14}$	3.94	1.53	−12.64
	$I_2=-2.31X_1+0.66X_2-398.03X_3-38.27X_4-428.82X_5-0.03X_6+0.26X_7+2.59X_8-41.67X_9-42.98X_{10}-44.48X_{11}+4.74X_{12}-2.15X_{13}$	3.84	1.28	−7.63
	$I_3=-4.29X_1+0.74X_2-747.21X_3-19.28X_4-192.22X_5-0.08X_6+0.32X_7+1.67X_8-22.25X_9-30.46X_{10}-35.65X_{11}-0.50X_{12}$	3.15	1.23	−2.03
	$I_4=1.63X_1+1.17X_2-87.19X_3+15.65X_4+127.24X_5+0.1X_6-0.29X_7-0.6X_8-1.05X_9+11.26X_{10}+10.97X_{11}$	3.23	1.10	0.20
	$I_5=0.18X_2+55.85X_3-18.89X_4-209.08X_5-0.004X_6-0.09X_7+0.79X_8-21.99X_9-25.34X_{10}-28.66X_{11}+0.18X_{12}$	2.55	1.27	−3.73
	$I_6=0.31X_2+53.76X_3-33.92X_4-388.21X_5+0.02X_6+0.006X_7+1.78X_8-37.28X_9-36.24X_{10}-36.89X_{11}+4.35X_{12}-1.83X_{13}$	3.19	1.32	−8.63
	$I_7=0.62X_1+0.12X_2+88.51X_3-16.82X_4-207.1X_5+0.07X_6-20.17X_9-18.66X_{10}-19.32X_{11}+1.54X_{12}-2.92X_{13}+2.18X_{14}$	2.77	1.19	−2.30
	$I_8=0.14X_2+42.01X_3-14.63X_4-181.59X_5+0.06X_6-18.19X_9-17.89X_{10}-19.27X_{11}+11.07X_{12}+7.24X_{13}-7.73X_{14}$	2.27	1.30	−2.75
约束	$I_9=-3.92X_1+0.75X_2-531.84X_3-36.29X_4-421.36X_5-0.08X_6+0.62X_7+2.32X_8-41.46X_9-45.59X_{10}-49.30X_{11}-14.94X_{12}-21.80X_{13}+19.81X_{14}$	3.01	1.17	−12.61
	$I_{10}=-2.76X_1+0.59X_2-352X_3-33.97X_4-394.79X_5-0.05X_6+0.51X_7+1.89X_8-38.55X_9-40.92X_{10}-43.55X_{11}+4.56X_{12}-1.78X_{13}$	2.92	0.97	−11.51
	$I_{11}=-1.1X_1+0.29X_2-104X_3-20.03X_4-228.71X_5-0.03X_6+0.8X_7+0.64X_8-23.62X_9-27.97X_{10}-31.97X_{11}+0.14X_{12}$	2.34	0.91	−5.43
	$I_{12}=0.19X_2+161.99X_3-27.59X_4-318X_5-0.003X_6-0.15X_7+2.20X_8-32.47X_9-32.64X_{10}-34.77X_{11}-6.77X_{12}-11.66X_{13}+10.29X_{14}$	2.62	1.29	−9.1
	$I_{13}=0.13X_2+113.68X_3-18.40X_4-202X_5-0.006X_6-0.09X_7+0.97X_8-22.48X_9-24.99X_{10}-28.39X_{11}+0.18X_{12}$	2.35	1.16	−4.32
	$I_{14}=0.89X_1+0.07X_2+159X_3-16.36X_4-198X_5+0.09X_6-18.60X_9-16.68X_{10}-16.51X_{11}-14.92X_{12}-19.66X_{13}+18.59X_{14}$	2.49	1.07	−2.61
	$I_{15}=0.1X_2+88.88X_3-14.74X_4-180X_5+0.07X_6-18.11X_9-16.7X_{10}-17.33X_{11}+0.50X_{12}-3.87X_{13}+3.03X_{14}$	1.93	1.10	−4.31

表 7-10　林口种子园无性系平均值与指数选择

无性系号	性状均值														指数选择
	出仁率/%	千粒重/g	种皮重/(g/粒)	种长/mm	油脂含量/%	蛋白质含量/%	灰分含量/%	粗纤维含量/%	∑SFA/%	∑MUFA/%	∑PUFA/%	必需氨基酸EAA/%	非必需氨基酸NEAA/%	总氨基酸含量TAA/%	
LK20	34.69	625.9	0.41	14.73	67.37	10.08	2.01	2.87	12.29	23.26	60.85	13.07	39.77	52.84	19.93
LK19	33.93	607.6	0.40	16.00	61.67	9.13	3.67	4.92	11.72	23.65	60.83	13.09	37.8	53.9	19.86
LK27	36.77	606.7	0.44	15.41	64.5	10.32	2.92	3.11	13.46	24.07	63.43	13.24	40.03	53.28	19.81
LK18	35.00	600.4	0.39	15.09	66.3	10.85	2.69	1.71	11.65	24.58	60.05	12.19	41.31	53.5	19.78
LK11	36.05	600.6	0.38	14.97	61.97	12.69	3.50	3.16	11.74	27.59	57.62	13.4	34.58	45.98	19.62
LK15	32.45	600.2	0.40	14.18	64.43	8.77	2.47	4.75	11.86	26.97	58.58	14.05	43.26	57.31	19.58

续表

无性系号	性状均值													指数选择
	出仁率/%	千粒重/g	种皮重/（g/粒）	种长/mm	油脂含量/%	蛋白质含量/%	灰分含量/%	粗纤维含量/%	∑SFA/%	∑MUFA/%	∑PUFA/%	必需氨基酸EAA/%	非必需氨基酸NEAA/%	总氨基酸含量TAA/%	
LK24	31.69	551.1	0.38	14.42	64.15	8.72	1.94	1.61	13.25	22.65	60.96	11.52	35.24	46.76	18.89
LK32	31.02	542.8	0.37	14.45	62.97	9.79	7.07	3.20	11.92	24.26	60.55	14.15	44.96	59.11	18.87
LK16	32.07	542.7	0.37	14.08	60.43	8.15	4.70	4.75	12.13	24.53	60.21	12.74	40.67	53.41	18.82
LK8	35.23	526.7	0.34	13.95	61.91	11.46	3.25	2.54	11.52	25.82	59.63	10.83	32.68	43.51	18.80
LK6	32.58	517.3	0.35	13.57	66.80	9.99	2.01	5.29	12.01	25.52	59.27	12.85	43.11	55.96	18.56
LK3	31.79	492.8	0.34	13.91	62.59	10.53	2.97	2.15	11.25	22.63	57.76	11.73	33.5	45.23	18.37
LK36	33.82	474.4	0.31	13.12	62.57	8.80	3.91	3.28	12.60	24.95	59.27	14.24	44.09	58.32	17.91
LK26	35.16	464.7	0.30	13.61	61.80	5.30	2.80	4.66	12.25	25.38	59.09	12.33	37.83	50.16	17.89
LK13	27.14	441.7	0.32	12.94	62.10	9.45	2.72	2.94	11.50	26.37	59.18	12.7	43.07	55.77	17.55

铁力种子园的性状育种值选择进展及约束和无约束指数选择方程（表 7-11）显示，方程 I_1、I_2、I_3、I_4、I_6、I_7、I_8、I_9 中，方程 I_1、I_6、I_7、I_9 的千粒重指标、油脂指标、总氨基酸含量的偏回归系数为负值，方程 I_1、I_6、I_7、I_9 以千粒重指标、油脂指标、总氨基酸含量为负向进展牺牲为代价；方程 I_2、I_4 以千粒重指标为负向进展牺牲为代价；方程 I_3 以油脂指标、∑PUFA 为负向进展牺牲为代价；约束指数方程 I_8 的千粒重、油脂、必需氨基酸含量的偏回归系数为负值，方程也不理想；方程 I_5 的综合育种值选择进展为 2.87，且指数估计的准确度为 0.99，指数遗传力为 1.17，因此方程 I_5 最理想，根据指数选择方程 I_5 计算各无性系指数值，并排序（表 7-12）。排在前 3 位的无性系为 TL1104、TL1112、TL1131，在出仁率、千粒重、种长、∑MUFA、EAA 这些性状中，3 个优良无性系的性状平均值分别比铁力种子园平均值高出 3.44%、11.57%、4.29%、7.89%、3.99%，灰分、∑SFA、NEAA 较总平均值分别低 2.13%、9.78%、2.19%。排在前 5 位的无性系为 TL1104、TL1112、TL1131、TL1209、TL1383，在出仁率、千粒重、种长、油脂、蛋白质、∑MUFA、EAA 这些性状中，5 个优良无性系的性状平均值分别比铁力种子园平均值高出 4.28%、0.4%、0.51%、2.12%、3.56%、7.12%、0.5%，而种皮重、灰分、∑SFA、NEAA 分别较铁力种子园平均值低 1.91%、20.77%、7.34%、6.25%。

苇河种子园的性状育种值选择进展及约束和无约束指数选择方程（表 7-13）显示，方程 I_2、I_3、I_4、I_5、I_6、I_8、I_9、I_{11}、I_{12} 中的千粒重指标的偏回归系数为负值，方程不理想；方程 I_7 以出仁率指标为负向进展牺牲为代价，方程 I_7 不理想；约束指数方程 I_{10} 的综合育种值选择进展为 1.75，指数估计的准确度为 0.47，指数遗传力为 0.89，与指数选择方程 I_1 比较，方程 I_1 的综合育种值遗传参数为 5.82，指数估计的准确度为 1.66，指数遗传力为 17.82，因此，方程 I_1 比较适合。根据指数选择方程 I_1 计算各无性系指数值，并排序（表 7-14）。排在前 3 位的无性系为 WH071、WH110、WH117，在出仁率、千粒重、种长、油脂、蛋白质、∑MUFA、∑PUFA、EAA、TAA 这些性状中，3 个优良无性系的性状平均值比苇河种子园平均值分别高出 2.14%、13.49%、1.23%、5.60%、26.86%、0.79%、0.93%、1.05%、1.58%，粗纤维、∑SFA 分别较总平均值低 1.13%、3.75%。排在前 5 位的无性系为 WH071、WH110、WH117、WH162、WH066，在出仁率、千粒重、种长、油脂、蛋白质、∑MUFA、∑PUFA、EAA 这些性状中，5 个优良无性系的性状平均值分别比苇河种子园平均值高出 2.47%、3.25%、0.23%、6.49%、31.58%、0.63%、0.03%、0.15%，而灰分、粗纤维、NEAA 分别较苇河种子园平均值低 9.62%、4.89%、1.30%。

表 7-11　铁力种子园不同性状配合的约束和无约束指数选择

处理	性状配合及指数选择方程	选择进展	准确度	遗传力
无约束	I_1=12.92X_1−1.73X_2+2624.56X_3+4.41X_4−34.76X_5+0.05X_6−0.62X_7−2.13X_8+8.42X_9+4.92X_{10}+2.57X_{11}+26.55X_{12}+16.05X_{13}−18.85X_{14}	3.07	1.10	1.74
	I_2=11.89X_1−1.58X_2+2410.73X_3+4.45X_4−30.07X_5+0.04X_6−0.35X_7−2.05X_8+8.42X_9+5.09X_{10}+3.23X_{11}+8.37X_{12}−3.70X_{13}	3.61	1.12	1.45
	I_3=7.30X_1−0.93X_2+1405X_3+1.99X_4−18.81X_5+0.09X_6−0.77X_7−1.96X_8−0.96X_9+0.51X_{10}−0.46X_{11}+4.23X_{12}	2.82	1.04	1.26
	I_4=−0.008X_2−6.58X_3+0.84X_4+25.12X_5+0.05X_6−0.48X_7−0.79X_8+0.242X_9+1.69X_{10}+1.09X_{11}+2.00X_{12}	2.36	0.96	1.07
	I_5=0.029X_2−25.03X_3+1.67X_4+32.99X_5+0.03X_6−0.13X_7−0.70X_8−4.09X_9+3.75X_{10}+2.65X_{11}+3.31X_{12}−1.69X_{13}	2.87	0.99	1.17
	I_6=10.75X_1−1.44X_2+2210X_3+3.48X_4−27.10X_5+0.02X_6+11.88X_9+7.54X_{10}+6.31X_{11}+45.62X_{12}+38.60X_{13}−41.33X_{14}	2.24	0.99	2.63
	I_7=12.92X_1−1.73X_2+2624.56X_3+4.41X_4−34.76X_5+0.04X_6−0.62X_7−2.13X_8+8.42X_9+4.92X_{10}+2.57X_{11}+26.56X_{12}+16.05X_{13}−18.85X_{14}	3.07	1.10	1.74
约束	I_8=1.84X_1−0.20X_2+334X_3+0.64X_4−3.76X_5+0.05X_6−0.26X_7−0.32X_8+0.03X_9+0.76X_{10}+2.84X_{11}−0.46X_{12}	1.67	0.62	1.23
	I_9=0.75X_1−2.44X_2+210X_3+5.38X_4−22.08X_5+0.015X_6+18.82X_9+5.77X_{10}+5.43X_{11}+35.22X_{12}+30.89X_{13}−40.11X_{14}	1.87	1.04	2.25

表 7-12　铁力种子园无性系平均值与指数选择

无性系号	性状均值														选择指数
	出仁率/%	千粒重/g	种皮重/（g/粒）	种长/mm	油脂含量/%	蛋白质含量/%	灰分含量/%	粗纤维含量/%	∑SFA/%	∑MUFA/%	∑PUFA/%	必需氨基酸 EAA/%	非必需氨基酸 NEAA/%	总氨基酸含量 TAA/%	
TL1104	33.58	534.6	0.35	14.92	53.63	4.62	4.75	6.85	10.64	26.94	60.13	10.14	29.32	39.46	24.73
TL1112	36.99	485.9	0.31	13.90	55.95	10.02	4.72	5.29	11.16	25.45	60.17	10.04	28.09	38.13	24.47
TL1131	35.97	579.7	0.37	15.37	57.05	8.57	4.25	4.21	11.65	24.97	60.45	9.95	29.02	38.97	24.33

续表

无性系号	性状均值														选择指数
	出仁率/%	千粒重/g	种皮重/(g/粒)	种长/mm	油脂含量/%	蛋白质含量/%	灰分含量/%	粗纤维含量/%	∑SFA/%	∑MUFA/%	∑PUFA/%	必需氨基酸 EAA/%	非必需氨基酸 NEAA/%	总氨基酸含量 TAA/%	
TL1209	35.66	384.2	0.25	13.93	59.11	10.91	2.63	4.07	11.29	26.88	60.7	9.21	24.50	39.71	24.27
TL1383	38.12	543.8	0.34	14.62	52.22	6.47	3.10	2.86	12.65	23.63	60.51	10.26	30.10	40.37	23.26
TL1271	32.66	582.6	0.39	14.48	50.85	7.83	4.64	4.68	12.35	26.50	58.23	9.31	31.03	40.34	23.05
TL1024	36.80	415.6	0.26	12.86	62.65	11.28	2.16	4.94	12.52	23.77	60.42	9.19	27.14	36.33	23.02
TL3083	21.95	465.7	0.36	14.92	61.65	9.86	4.97	3.29	12.38	22.14	62.29	10.23	31.30	41.53	22.97
TL1194	30.93	594.4	0.41	15.77	58.96	8.10	6.21	6.16	12.50	23.37	60.56	10.68	33.46	44.14	22.93
TL1048	36.44	386.6	0.25	14.17	55.75	10.37	5.66	6.34	12.47	23.51	60.88	8.91	28.77	37.67	22.80
TL3101	35.20	397.0	0.26	12.72	54.36	9.59	3.34	6.86	13.01	23.26	60.34	9.47	30.51	41.98	22.61
TL1102	32.77	369.5	0.25	12.62	52.77	9.59	5.11	4.40	12.47	22.63	61.01	8.43	25.99	34.42	22.41
TL1185	35.49	435.8	0.28	12.96	58.35	6.29	5.69	3.20	12.91	21.17	62.53	10.35	29.38	39.73	22.39
TL1357	38.42	461.9	0.28	13.95	61.32	6.78	5.69	4.36	13.39	21.89	60.57	9.58	31.70	41.28	21.90
TL1061	33.99	534.1	0.35	14.68	53.57	11.23	7.17	5.78	14.00	22.39	59.84	9.12	31.52	41.64	21.60

表 7-13　苇河种子园不同性状配合的约束和无约束指数选择

处理	性状配合及指数选择方程	选择进展	准确度	遗传力
无约束	$I_1=22.68X_1+2.28X_2-2061X_3+2.93X_4+252.81X_5+2.89X_6-1.81X_7-2.85X_8-1.61X_9+14.71X_{10}+24.21X_{11}-162.24X_{12}-134.55X_{13}+140.1X_{14}$	5.82	1.66	17.82
	$I_2=4.57X_1-0.90X_2+1363X_3-3.06X_4+102.96X_5-0.36X_6-0.68X_7-3.00X_8+6.74X_9+14.05X_{10}+23.01X_{11}+1.17X_{12}$	5.25	1.51	11.01
	$I_3=4.23X_1-0.79X_2+1200X_3-2.42X_4+91.31X_5-0.27X_6-0.42X_7-2.82X_8+6.63X_9+12.10X_{10}+19.25X_{11}$	4.30	1.45	9.69
	$I_4=-1.11X_2+1695.98X_3+0.82X_4+130.51X_5-1.54X_6-8.34X_7-12.11X_8+6.84X_9+33.79X_{10}+47.86X_{11}+28.81X_{12}+121.74X_{13}-99.79X_{14}$	8.96	2.42	25.68
	$I_5=-0.59X_2+789.43X_3-0.54X_4+175.54X_5-0.65X_6+7.06X_9+22.57X_{10}+36.48X_{11}+11.97X_{12}+31.72X_{13}-27.25X_{14}$	6.76	2.06	16.81
约束	$I_6=2.76X_1-0.36X_2+591.02X_3+0.90X_4-6.99X_5-0.04X_6-1.61X_7-2.33X_8+2.49X_9+2.96X_{10}+1.54X_{11}+40.52X_{12}+56.98X_{13}-53.08X_{14}$	2.41	0.69	1.57
	$I_7=-1.78X_1+0.28X_2-446.85X_3+0.63X_4+29.66X_5+0.06X_6+0.04X_7-0.95X_8+1.09X_9+1.72X_{10}+1.98X_{11}-0.34X_{12}$	3.05	0.88	0.85
	$I_8=1.44X_1-0.17X_2+290.69X_3+0.84X_4+1.32X_5-0.01X_6-0.99X_7-1.92X_8+2.28X_9+2.87X_{10}+1.77X_{11}-9.34X_{12}+2.71X_{13}$	2.33	0.78	0.95
	$I_9=-0.006X_2+18.56X_3+0.76X_4+2.38X_5+0.01X_6-1.19X_7+0.05X_8+0.71X_9+1.36X_{10}+0.52X_{11}+0.48X_{12}+5.68X_{13}-4.43X_{14}$	1.64	0.44	0.91
	$I_{10}=0.008X_2-14.49X_3+0.32X_4+8.00X_5+0.04X_6-0.80X_7+0.99X_8+0.45X_9+0.90X_{10}+0.48X_{11}+0.78X_{12}$	1.75	0.47	0.89
	$I_{11}=6.9X_1-0.88X_2+1364X3-0.22X_4+1.16X_5+0.05X_6+5.15X_9+3.5X_{10}+3.12X_{11}+55.04X_{12}+57.01X_{13}-55.95X_{14}$	2.47	0.83	1.77
	$I_{12}=0.004X_1-24.51X_2+0.58X_3+18.82X_4+0.04X_5+2.14X_6+2.91X_7+3.21X_8+0.47X_9+3.95X_{10}-3.33X_{11}$	1.60	0.49	1.10

表 7-14　苇河种子园无性系平均值与指数选择

无性系号	性状均值														指数选择
	出仁率/%	千粒重/g	种皮重/(g/粒)	种长/mm	油脂含量/%	蛋白质含量/%	灰分含量/%	粗纤维含量/%	∑SFA/%	∑MUFA/%	∑PUFA/%	必需氨基酸EAA/%	非必需氨基酸NEAA/%	总氨基酸含量TAA/%	
WH071	43.13	545.8	0.36	14.04	58.09	6.01	8.01	5.60	11.95	24.76	60.1	8.66	27.27	35.53	35.76
WH110	35.11	617.6	0.40	14.80	52.32	8.82	5.89	5.33	12.35	24.27	61.04	8.37	24.69	33.06	35.59
WH117	35.99	604.4	0.41	14.54	55.81	9.05	4.47	5.40	11.17	26.09	59.53	9.07	29.34	38.41	35.40
WH162	39.81	487.0	0.29	14.73	52.38	9.77	6.35	5.79	14.85	23.14	58.11	8.23	24.48	31.71	35.37
WH066	36.97	425.8	0.22	13.55	61.11	7.63	2.76	4.06	11.62	26.76	59.66	8.12	24.83	32.96	35.18
WH065	37.52	561.0	0.34	13.78	56.36	6.25	4.10	6.92	12.31	22.94	60.69	8.74	28.49	37.22	35.17
WH067	34.15	643.2	0.41	15.69	55.11	6.18	8.29	6.42	12.19	25.06	59.54	8.57	26.48	35.04	34.83
WH057	39.79	479.4	0.30	14.45	52.98	6.24	6.16	5.30	12.62	24.28	59.34	8.47	27.27	35.74	34.45
WH019	33.92	497.0	0.28	16.04	52.87	6.51	7.53	3.51	11.55	26.5	59.02	10.63	32.71	43.34	34.19
WH028	38.84	542.1	0.38	13.77	54.76	4.66	7.25	4.94	12.87	24.24	60.1	11.61	38.04	49.65	33.74
WH042	36.24	457.2	0.28	14.07	43.19	6.28	5.86	5.45	11.99	24.2	60.75	7.63	23.76	31.39	33.71
WH063	38.79	464.6	0.31	14.20	52.40	4.18	7.42	5.90	11.97	25.36	59.32	7.48	24.26	31.74	33.31
WH056	35.18	512.9	0.32	13.87	47.65	3.72	7.52	5.28	12.34	23.9	59.93	7.83	24.23	32.06	32.96
WH152	37.30	449.6	0.28	12.93	46.66	4.40	5.01	7.26	12.11	26.03	58.65	7.07	21.95	29.02	32.93
WH008	36.46	500.9	0.33	14.02	52.38	4.41	4.59	5.42	12.37	25.12	59.24	6.68	19.2	25.88	32.87

7.3.3　主成分分析法选择评价

根据育种选育目标，选择经济性状中的出仁率、千粒重、种仁重、种长、油脂、蛋白质、∑MUFA、∑PUFA、EAA、TAA 共 10 个指标，每个种子园分别进行主成分分析。方差分量在主成分分析中代表性状在主成分方向上的重要程度。样本相关系数矩阵的特征向量计算的方差贡献率和累计方差贡献率见表 7-15。鹤岗种子园提取前 4 个主成分累计方差贡献率为 90.57%，第一主成分贡献率为 31.25%，第二主成分为 26.78%，第三主成分为 22.32%，第四主成分为 10.22%，前 4 个主成分能代表鹤岗无性系综合性状的主要成分；林口种子园提取前 4 个主成分累计方差贡献率为 90.64%，第一主成分贡献率为 32.53%，第二主成分为 30.88%，第三主成分为 14.61%，第四主成分为 12.62%；铁力种子园提取前 4 个主成分累计方差贡献率为 87.25%，第一主成分贡献率为 35.47%，第二主成分为 27.66%，第三主成分为 14.12%，第四主成分为 10.01%；苇河种子园提取前 4 个主成分累计方差贡献率为 81.21%，第一主成分贡献率为 33.61%，第二主成分为 18.85%，第三主成分为 17.43%，第四主成分为 11.31%。

表 7-15　主成分分析

性状	鹤岗				林口				铁力				苇河			
	F1 特征向量	F2 特征向量	F3 特征向量	F4 特征向量	F1 特征向量	F2 特征向量	F3 特征向量	F4 特征向量	F1 特征向量	F2 特征向量	F3 特征向量	F4 特征向量	F1 特征向量	F2 特征向量	F3 特征向量	F4 特征向量
出仁率	−0.218	0.275	0.349	0.493	−0.266	0.364	0.312	0.156	0.005	−0.266	−0.678	0.336	−0.271	0.049	0.311	0.600
千粒重	0.392	−0.053	0.387	−0.434	0.296	0.437	0.159	0.090	0.502	−0.007	0.163	0.129	0.383	−0.351	0.101	−0.130
种仁重	0.299	0.066	0.533	−0.232	0.052	0.515	0.306	0.137	0.437	−0.170	−0.279	0.314	0.416	−0.194	−0.262	0.033
种长	0.255	0.331	0.361	0.235	0.294	0.435	0.028	−0.210	0.392	0.005	0.453	0.281	0.380	−0.053	−0.200	−0.132
油脂含量	0.189	0.286	−0.365	−0.435	0.214	−0.097	−0.149	0.715	−0.207	0.252	0.205	0.756	0.353	0.277	−0.092	0.400
蛋白质含量	0.413	0.111	−0.363	0.130	−0.239	0.173	−0.322	0.572	−0.312	−0.072	0.296	−0.004	0.278	−0.133	−0.342	0.504
∑MUFA	−0.156	−0.519	0.108	0.002	−0.472	−0.062	0.352	0.012	0.136	−0.510	0.222	−0.016	−0.005	0.531	−0.308	−0.378
∑PUFA	0.109	0.523	−0.149	0.162	0.486	0.051	−0.317	−0.093	−0.155	0.520	−0.151	0.187	0.124	−0.457	0.438	−0.203
氨基酸含量 TAA	0.457	−0.290	−0.115	0.285	0.285	−0.326	0.454	0.173	0.363	0.392	−0.005	−0.133	0.353	0.329	0.449	0.044
必需氨基酸含量 EAA	0.439	−0.294	−0.052	0.382	0.331	−0.263	0.476	0.166	0.300	0.384	−0.171	−0.264	0.348	0.375	0.413	−0.070
特征值	3.12	2.68	2.23	1.02	3.25	3.09	1.46	1.26	3.55	2.77	1.41	1.01	3.36	1.89	1.74	1.13
方差贡献率	31.25	26.78	22.32	10.22	32.53	30.88	14.61	12.62	35.47	27.66	14.12	10.01	33.61	18.85	17.43	11.31
累积	31.25	58.03	80.35	90.57	32.53	63.42	78.03	90.64	35.47	63.12	77.24	87.25	33.61	52.47	69.90	81.21

为对各种子园无性系的综合性状作出评价，以每个主成分对应的特征值占所提取主成分总的特征值之和的比例为权重加权求和，得出主成分综合值并排序（表 7-16），鹤岗种子园的前 5 名无性系分别为 HG8、HG21、HG14、HG39、HG6；林口种子园的前 5 名无性系分别为 LK20、K27、LK19、LLK18、LK15；铁力种子园的前 5 名无性系分别为 TL1194、TL3083、TL1131、TL1383、TL1104；苇河种子园的前 5 名无性系分别为 WH028、WH019、WH117、WH071、WH066。

表 7-16　主成分因子得分与综合排序

种子园	HG1	HG10	HG12	HG14	HG17	HG2	HG21	HG23	HG39	HG41	HG43	HG44	HG49	HG6	HG8
F1	−1.26	−1.71	0.16	1.99	−1.26	0.51	0.78	−3.51	1.40	−1.11	0.08	−0.87	−0.83	2.78	2.85
F2	−1.83	0.95	0.42	−1.38	−1.92	−1.03	3.95	1.73	0.33	0.92	−1.09	−1.63	−0.18	−0.78	1.54
F3	−0.88	0.98	1.36	2.87	−1.99	1.43	−1.07	1.23	0.82	0.51	0.17	−0.49	−2.60	−1.03	−1.32
F4	−0.48	−0.35	−0.86	−0.56	−0.36	−0.33	−1.93	1.49	1.22	0.68	0.17	−0.92	0.44	0.85	0.95
综合	−1.26	−0.10	0.44	0.95	−1.55	0.20	1.00	−0.25	0.91	0.08	−0.24	−1.01	−0.95	0.56	1.23
排序	14	9	6	3	15	7	2	11	4	8	10	13	12	5	1
种子园	LK11	LK13	LK15	LK16	LK18	LK19	LK20	LK24	LK26	LK27	LK3	LK32	LK6	LK36	LK8
F1	−2.45	−1.02	0.36	0.17	0.46	1.38	1.39	0.20	−1.93	4.25	−2.17	1.86	−0.18	−0.27	−2.05
F2	2.90	−3.60	−0.29	−0.35	1.74	2.07	1.75	0.68	−0.48	−0.09	−0.71	−1.53	−1.25	−2.14	1.29
F3	0.28	−0.76	2.13	−0.12	0.84	0.85	0.22	−1.55	−0.47	−2.35	−0.56	1.71	0.13	0.91	−1.25
F4	0.59	−0.77	0.74	−0.08	−0.44	−1.70	1.75	−1.33	0.14	0.80	−0.45	−1.79	1.57	1.27	−0.32
综合	0.23	−1.82	0.47	−0.09	0.83	1.10	1.37	−0.13	−0.91	1.23	−1.17	0.17	−0.25	−0.50	−0.54
排序	6	15	5	8	4	3	1	9	13	2	14	7	10	11	12
种子园	TL1024	TL1048	TL1061	TL1102	TL1104	TL1112	TL1131	TL1185	TL1194	TL1209	TL1271	TL1357	TL1383	TL3083	TL3101
F1	−2.26	−1.59	0.99	−2.90	2.25	0.15	1.89	−0.81	2.44	−2.65	2.13	−0.04	2.08	−1.05	−0.62
F2	−0.31	−0.31	0.24	−0.42	−1.31	−0.91	−0.55	2.16	1.47	−3.29	−2.10	1.31	−0.25	3.25	1.03
F3	−0.25	−0.09	0.28	−0.36	0.16	−0.35	0.20	−1.69	1.18	1.19	0.64	−1.32	−1.37	2.89	−1.11
F4	1.14	−0.01	−0.50	−1.31	−0.52	0.11	1.15	0.14	0.65	0.82	−1.08	1.53	−0.06	−0.33	−1.73
综合	−0.95	−0.77	0.48	−1.52	0.48	−0.28	0.75	0.10	1.73	−1.87	0.19	0.35	0.55	1.05	−0.29
排序	13	12	6	14	5	10	3	9	1	15	8	7	4	2	11
种子园	WH008	WH019	WH028	WH042	WH056	WH057	WH063	WH065	WH066	WH067	WH071	WH110	WH117	WH152	WH162
F1	−2.40	2.58	1.06	−1.45	−0.95	−0.52	−1.87	0.00	1.20	2.75	−0.93	1.66	2.23	−3.00	−0.36
F2	−0.58	2.00	1.71	−1.32	−0.90	0.46	0.80	2.07	−1.29	−0.74	−0.39	−2.81	0.49	0.90	−0.41
F3	−0.76	−0.52	3.47	0.45	0.45	0.45	0.10	−1.79	1.21	−1.02	1.31	−0.31	−0.94	−0.67	−1.45
F4	−1.14	−1.17	0.19	−0.82	−1.14	0.94	−0.15	1.08	0.83	−0.86	0.80	0.23	−0.60	−0.67	2.49
综合	−1.45	1.26	1.60	−0.93	−0.66	0.12	−0.58	0.24	0.57	0.63	−0.08	0.00	0.75	−1.27	−0.21
排序	15	2	1	13	12	7	11	6	5	4	9	8	3	14	10

采用主成分分析方法对各个种子园红松无性系进行评价，选择出综合排名前5位的无性系，与采用指数选择方法进行无性系性状的评价，选择出前5名无性系，比较得出，鹤岗种子园利用两种方法得出的前5名无性系中有4个无性系一致，仅排序有所不同，结合两种方法选择出HG8、HG21、HG14 3个无性系作为鹤岗种子园优良无性系，3个优良无性系的千粒重、种仁重、种长、油脂、蛋白质、∑MUFA、∑PUFA、EAA、TAA性状均值分别高于无性系总平均值7.87%、7.15%、2.73%、10.98%、27.35%、0.69%、1.89%、1.99%、3.46%。林口种子园利用两种方法综合选育出的前5名无性系一致，仅排序有所不同，结合两种方法选择出LK20、LK19、LK18 3个优良无性系，优良无性系的出仁率、千粒重、种仁重、种长、油脂、蛋白质、∑PUFA、TAA性状均值分别高于无性系总平均值3.75%、11.88%、17.58%、6.84%、2.42%、4.35%、1.27%、2.06%。铁力种子园中利用指数选择法选育出的前5名无性系为TL1104、TL1112、TL1131、TL1209、TL1383，采用主成分分析法选育出的前5名无性系为TL1194、TL3083、TL1131、TL1383、TL1104，综合选育出TL1104、TL1131、TL1383 3个优良无性系，优良无性系的出仁率、千粒重、种仁重、种长、∑MUFA、EAA性状均值分别高于无性系总平均值4.54%、15.61%、21.50%、5.98%、5.36%、4.75%。苇河种子园中利用指数选择法选育出的前5名无性系为WH071、WH110、WH117、WH162、WH066，采用主成分分析法选育出的前5名无性系为WH028、WH019、WH117、WH071、WH066，综合选育出WH071、WH117、WH066 3个优良无性系，优良无性系的出仁率、千粒重、种仁重、油脂、蛋白质、∑PUFA、EAA、TAA性状均值分别高于无性系总平均值4.29%、9.85%、4.42%、8.14%、13.21%、0.74%、2.51%、6.53%。

7.4 结　　论

通过对每个种子园内红松无性系的种实性状、营养组成成分、脂肪酸成分、氨基酸成分的方差分析，表明各性状在无性系间均能达到显著或极显著的差异水平。种子园的无性系测验表明，各性状的无性系重复力在中等及较高的水平，说明受较高的遗传控制。对每个无性系种子园分别进行无性系评价，以无性系均值超过各性状总均值1个标准差为优良无性系入选标准。估算无性系的种实性状的现实增益，鹤岗红松种子园的无性系选择的现实增益为3.27%～72.60%，林口红松种子园的无性系选择的现实增益为6.19%～60.90%，铁力红松种子园的无性系选择的现实增益为4.50%～47.76%，苇河红松种子园的无性系选择的现实增益为6.27%～46.82%，其中，出仁率、千粒重、种仁重、油脂含量、蛋白质含量、多糖含量、多酚含量、黄酮含量在4个种子园的现实增益均能达到5%以上。估算无性系的脂肪酸成分的现实增益，鹤岗红松种子园的无性系选择的现实增益为1.25%～45.18%，林口红松种子园的无性系选择的现实增益为 1.08%～42.67%，铁力红松种子园的无性系选择的现实增益为 1.42%～55.78%，苇河红松种子园的无性系选择的现实增益为 6.27%～26.47%。其中 C16:1、C18:1、C20:1、C18:3、C20:2 在 4 个种子园中均能达到 5%以上的现实增益。估算无性系的氨基酸成分的现实增益，鹤岗红松种子园的无性系选择的现实增益为 0.45%～18.0%，林口红松种子园的无性系选择的现实增益为 6.56%～28.61%，铁力红松种子园的无性系选择的现实增益为 12.48%～121.22%，苇河红松种子园的无性系选择的现实增益为25.28%～45.90%。氨基酸组分中，Asp、Ser、Gly、Ala、Cys、Val、Met、Tyr、Pro、TAA 的选择效果明显，在 4 个种子园中均能达到 5%以上的现实增益。通过无性系选择评价和重复力估算对优良无性系进行选择并进行无性繁殖，能获得较高的现实增益。

采用指数选择法与主成分分析法两种评价方法评价无性系，按照 20%无性系入选率，结合两种方法选择出 HG8、HG21、HG14 3 个无性系作为鹤岗种子园优良无性系，3 个优良无性系的千粒重、种仁重、种长、油脂、蛋白质、∑MUFA、∑PUFA、EAA、TAA 性状均值分别高于无性系总平均值 7.87%、7.15%、2.73%、10.98%、27.35%、0.69%、1.89%、1.99%、3.46%；林口种子园采用上述两种方法选择出 LK20、LK19、LK18 3 个优良无性系，优良无性系的出仁率、千粒重、种仁重、种长、油脂、蛋白质、∑PUFA、TAA 性状均值分别高于无性系总平均值3.75%、11.88%、17.58%、6.84%、2.42%、4.35%、1.27%、2.06%；铁力种子园选育出 TL1104、TL1131、TL1383 3 个优良无性系，优良无性系的出仁率、千粒重、种仁重、种长、∑MUFA、EAA 性状均值分别高于无性系总平均的 4.54%、15.61%、21.50%、5.98%、5.36%、4.75%；苇河种子园选育出 WH071、WH117、WH066 3 个优良无性系，优良无性系的出仁率、千粒重、种仁重、油脂、蛋白质、∑PUFA、EAA、TAA 性状均值分别高于无性系总平均值 4.29%、9.85%、4.42%、8.14%、13.21%、0.74%、2.51%、6.53%。

第 8 章　亲本来源地一致的无性系种子园的性状对比分析

黑龙江省作为中国红松的主产区，在 20 世纪 80 年代就开始针对红松资源收集、生产和利用，建立了大批良种生产基地，但由于其生长较慢，周期长，阻碍了良种产业的发展，因此，及时对育种目标和良种策略进行调整对选育坚果型优良无性系极其重要。对红松种子园无性系开花结实及种子形态虽有初步了解，但缺乏系统研究，更缺少不同无性系种子形态及营养成分的评价。试验材料采自鹤岗种子园和铁力种子园，两个种子园的接穗亲本来源均为黑龙江省五营地点的优树，通过采集两个无性系种子园内各 15 个无性系的种子，对亲本优树来源地一致的种子园无性系种子的形态及营养成分进行差异分析，为基因型与环境互作研究，以及坚果园营建奠定基础。

8.1　红松种实性状的比较分析

鹤岗种子园及铁力种子园内红松无性系种实性状的方差分析（见第 4 章）均表明：所有性状在无性系间均存在极显著或显著的差异。鹤岗种子园和铁力种子园的种实性状指标平均值见表 4-5～表 4-7，其中，鹤岗种子园的出仁率、千粒重、种仁重、种皮重、种仁重/种皮重、种长、种宽、含水率、灰分、粗纤维、碳水化合物指标的平均值均高于铁力种子园。两个种子园中的无性系亲本均来自五营母树林的优树，为比较两个种子园的无性系结实球果在 32 年间种子形态的主要性状是否达到数理统计中的显著性水平，对两个种子园种实性状进行独立样本 t 检验（表 8-1），由检验结果可知，千粒重、种仁重、种皮重、蛋白质、含水率、灰分含量指标达到统计分析中的极显著差异，出仁率、种仁重/种皮重、种长、种宽、长宽比、油脂、多糖、粗纤维、碳水化合物指标差异不显著。

表 8-1　鹤岗与铁力种子园红松种实性状的 *t* 检验

性状	方差方程的 Levene 检验显著度（双侧）	均值方程的 *t* 检验		
		均值差值	标准误差值	显著度（双侧）
出仁率	0.00	0.306	0.629	0.628
千粒重	0.00	77.938	12.987	0.000**
种仁重	0.00	0.028	0.0054	0.000**
种皮重	0.00	0.049	0.009	0.000**
种仁重/种皮重	0.00	0.002	0.014	0.873
种长	0.481	0.129	0.079	0.104
种宽	0.448	0.151	0.073	0.059
长宽比	0.872	−0.013	0.014	0.337
油脂含量	0.329	−1.264	1.019	0.218
蛋白质含量	0.491	−1.424	0.479	0.004**
多糖含量	−0.799	−0.799	0.405	0.052
含水率	0.596	0.596	0.160	0.000**
灰分含量	1.246	1.246	0.315	0.000**
粗纤维含量	0.119	0.119	0.286	0.680
碳水化合物含量	1.528	1.528	1.300	0.243

注：**表示差异极显著（P<0.01）

8.2　红松种仁脂肪酸组分的比较分析

鹤岗种子园及铁力种子园内红松无性系脂肪酸成分的方差分析（见第 5 章）均表明：所有性状在无性系间均存在极显著或显著的差异。鹤岗种子园和铁力种子园的脂肪酸成分指标平均值见表 5-3，其中，鹤岗种子园中除油酸、单不饱和脂肪酸、不饱和脂肪酸总含量高于铁力种子园含量之外，其余指标均低于铁力种子园。通过两个种子园种仁脂肪酸成分的 t 检验结果（表 8-2）可知，除 C20:2 之外，其余脂肪酸成分指标均达到统计分析中的极显著差异水平。

表 8-2　鹤岗与铁力种子园种仁脂肪酸成分的 *t* 检验

成分	方差方程的 Levene 检验显著度（双侧）	均值方程的 *t* 检验		
		均值差值	标准误差值	显著度（双侧）
∑SFA	0.451	−0.92	0.166	0.000**
C16:1	0.002	−0.048	0.008	0.000**
C18:1	0.18	2.67	0.372	0.000**
C20:1	0.028	−0.158	0.033	0.000**

续表

成分	方差方程的 Levene 检验	均值方程的 t 检验		
	显著度（双侧）	均值差值	标准误差值	显著度（双侧）
∑MUFA	0.105	2.465	0.348	0.000**
C18:2	0.168	−0.742	0.156	0.000**
C18:3	0.105	−0.711	0.154	0.000**
C20:2	0.016	−0.073	0.050	0.145
∑PUFA	0.133	−1.527	0.265	0.000**
∑USFA	0.405	0.938	0.196	0.000**

注：**表示差异极显著（P<0.01）

8.3　红松种仁氨基酸组分的比较分析

鹤岗种子园及铁力种子园内红松无性系氨基酸成分的方差分析（见第 6 章）均表明：所有性状在无性系间均存在极显著或显著差异。鹤岗种子园和铁力种子园的氨基酸成分指标平均值见表 6-2，其中，鹤岗种子园中除 Ser、Gly、Ala、Met 高于铁力种子园含量之外，其余指标均低于铁力种子园。通过两个种子园种仁氨基酸成分的 t 检验结果（表 8-3）可知，除 Ser、Glu、Pro 之外，其余氨基酸成分指标均达到统计分析中的显著或极显著差异水平。

表 8-3　鹤岗与铁力种子园种仁氨基酸成分的 t 检验

成分	方差方程的 Levene 检验	均值方程的 t 检验		
	显著度（双侧）	均值差值	标准误差值	显著度（双侧）
Asp	0.171	−0.329	0.096	0.001**
Thr	0.00	−0.156	0.029	0.000**
Ser	0.623	0.068	0.057	0.233
Glu	0.847	−0.203	0.165	0.224
Gly	0.00	0.462	0.069	0.000**
Ala	0.017	0.199	0.058	0.001**
Cys	0.00	−0.089	0.029	0.003**
Val	0.00	−0.192	0.032	0.000**
Met	0.002	0.075	0.021	0.001**
Ile	0.00	−0.307	0.029	0.000**
Leu	0.014	−0.362	0.065	0.000**
Tyr	0.057	−0.104	0.042	0.014*
Phe	0.05	−0.171	0.041	0.000**
Lys	0.016	−0.179	0.028	0.000**

续表

成分	方差方程的 Levene 检验	均值方程的 t 检验		
	显著度（双侧）	均值差值	标准误差值	显著度（双侧）
His	0.003	−0.151	0.024	0.000**
Arg	0.437	−0.676	0.146	0.000**
Pro	0.01	−0.231	0.137	0.096
TAA	0.228	−2.346	0.725	0.002**
EAA	0.144	−1.293	0.186	0.000**

注：**表示差异极显著（P<0.01），*表示差异显著（P<0.05）

8.4 结　论

遗传变异是随着长期环境变化而产生的，同一材料不同产地也会产生一定的遗传变异，这些遗传变异也反映在种子性状中。研究采用的种子园无性系亲本均来自五营优树，两个种子园中所测红松种实性状、脂肪酸成分、氨基酸成分指标在无性系间均达到极显著或显著差异。

铁力和鹤岗种子园的无性系母本均是来自 1979 年的五营红松优树(两地优树可能不一致)，两个种子园无性系嫁接 30 年后的红松种实性状经 t 检验可知，红松种实性状中千粒重、种仁重、种皮重、蛋白质、含水率、灰分、多酚、黄酮含量指标在两个种子园中呈显著差异；脂肪酸组分中，除 C14:0、C20:2 外，其余脂肪酸指标均达到极显著差异水平；氨基酸组分中，除 Ser、Glu、Pro 外，其余氨基酸指标均达到统计分析中的显著或极显著差异水平。在上述性状中，红松种子的种长、种宽、长宽比这些外在形态指标并没有表现出显著差异。说明种子的形态特征表现较为稳定，完全符合遗传学上种子形态构造遗传稳定的特性，与种子形态是植物对自然环境长期适应、相对稳定的结果一致，而与重量有关的种子性状受环境因子影响较大，且红松无性系自身的遗传特性为红松种子园内优良无性系或优良单株的选育提供了依据。

第9章　不同组织的转录组数据分析与次生代谢产物的表达差异初探

目前，在红松的遗传育种进程中，主要以可食用坚果林选育及生长材质改良为主，但针对红松的分子生物学研究进展较慢，红松的基因组及转录组数据还比较缺乏，对生长发育及代谢途径、遗传图谱构建等的研究较少，影响了红松遗传改良的研究进程。

表达序列标签（EST）技术是开展转录组研究的有效方法，已被广泛应用于动植物和微生物的基因表达谱分析、功能基因预测等。目前公共数据库中已有松属多个树种的EST序列，如火炬松、北美短叶松、海岸松（Chagn et al.，2004）。但红松的EST序列较少，仅为65条。随着测序技术的发展，将高通量测序应用到红松的转录组研究中，不仅可降低测序的成本和时间，而且可获得丰富的数据，有利于松属的转录组和生长发育的相关研究。研究采用Illumina公司开发的HiSeq 2000测序技术进行松属树种转录组的研究，构建红松均一化cDNA文库并测序，再对序列做基因功能注释和分类等，以研究红松生长发育过程中重要基因的表达，获得包括脂肪酸类合成、萜类化合物合成等与合成相关的生物酶基因及参与植物次生代谢的基因，获得的UniGene为红松及其相近物种的群体基因组学和功能基因组学提供了有价值的候选基因，这些基因将有助于开展选择育种和基因工程研究。

9.1　材料与方法

9.1.1　样本材料来源

样本采集于黑龙江省林口县青山林场红松种子园内，种子园为1979年嫁接营建，株行距4m×6m。于2013年6月分别采集无性系LK15与无性系LK20的上部针叶（T1）、嫩梢（T2）、雌花（T3）和球果（T4）4个组织，液氮速冻后–80℃

保存。对每个无性系的 4 个组织材料单独提取 RNA 后，再将提取的 RNA 组织混合用于转录组测序。

9.1.2　总 RNA 的提取和 mRNA 的分离

T1～T4 总 RNA 提取方法参照 Trizol Reagent 说明书进行。用 1.2%琼脂糖凝胶电泳和 Nanodrop 纯度检测，Qubit 2.0 浓度检测及 Agilent 2100 质量检测。确定总 RNA 的完整性和纯度质量后，用 NEBNext® Poly（A）mRNA Magnetic Isolation Module（NEB，E7490）富集 mRNA。

9.1.3　cDNA 片段合成及测序文库构建

以 mRNA 为模板，用 NEBNext® mRNA Library Prep Master Mix Set for Illumina®（NEB，E6110）和 NEBNext® Multiplex Oligos for Illumina®（NEB，E7500）构建上机文库。使用 Qubit 2.0 进行初步定量，稀释文库至 2ng/μl，制备好的文库用 1.8%琼脂糖凝胶电泳检测文库插入片段大小（insert size），然后用 Library Quantification Kit-Illumina GA Universal（Kapa，KK4824）进行 qPCR 定量（文库有效浓度＞2nmol/L）。检测合格的文库在 Illumina cBot 上进行簇的生成，最后用 Illumina HiSeq™ 2000 进行测序。

9.1.4　序列分析

利用 Illumina 平台将测序所得的图像数据转化为相应的核苷酸序列数据，对所产生的原始序列文件进行质量评估和可信度分析，并去除测序过程中低质量的序列和不确定的序列（$Q<20$）。使用 Trinity 软件对样品数据进行混合组装，通过序列之间的 overlap 信息组装得到 contig，再根据序列的 paired-end 信息和 contig 之间的相似性对 contig 进行聚类，然后在局部进行组装得到转录本，最后从局部中挑选最主要的转录本作为 UniGene。

9.1.5　序列注释、功能分类和生物学通路分析

使用 BLAST 软件将 UniGene 序列与 NR、SwissProt、GO、COG、KEGG 数据库比对，获得 UniGene 的注释信息（E-value≤1×10^{-5}），再将注释上的序列按照不同的功能划分成不同的类别。最后对 KEGG 注释的基因功能信息进行生物学通

路的注释和预测。

9.1.6　差异表达 UniGene 的筛选

利用比对软件 Bowtie 将各样品测序得到的 reads 与 UniGene 库进行比对，然后根据比对信息并利用 RSEM 进行表达量水平估计，我们利用基因表达量（RPKM）值来反映对应 UniGene 的表达丰度。选择 EBSeq 进行差异表达分析，利用 FDR 方法分析 UniGene 的表达，在差异基因筛选中，我们选取 FDR<0.01 且 Fold Change≥2 作为标准定义。

9.1.7　差异 UniGene 的 GO 和 Pathway 分析

GO 功能显著性富集分析能确定差异表达基因行使的主要生物学功能。通过 Pathway 显著性富集能确定差异表达基因参与的最主要生化代谢途径和信号转导途径。

9.2　不同组织的高通量测序与功能注释

9.2.1　序列拼接

通过对红松的针叶、嫩梢、雌花和球果的转录组进行高通量的测序，总共获得 21.3Gb 的数据，经过序列拼接，获得 4 901 106 个 contig 片段，大于 300bp 的有 35 331 个，大于 1kb 的有 14 661 个。通过 Trinity 组装共得到 71 238 条 Transcript 和 41 476 条 UniGene。

与 BLAST 序列比对，最终获得有注释信息的 UniGene 有 26 849 个（占全部 UniGene 的 64.73%）。将组装得到的 41 476 条红松 UniGene 与 Nr 数据库比对，有 11 837 条与云杉（*Picea sitchensis*）、2830 条与葡萄（*Vitis vinifera*）等植物的序列同源。

9.2.2　功能分类研究

如图 9-1 所示，在 COG 功能分类体系中，获得的功能注释涉及 24 个 COG 功能类别，其中，General function prediction only 转录物的比例最大（2216 条），Nuclear structure 最少（1 条），其他种类基因的表达丰度不尽相同。

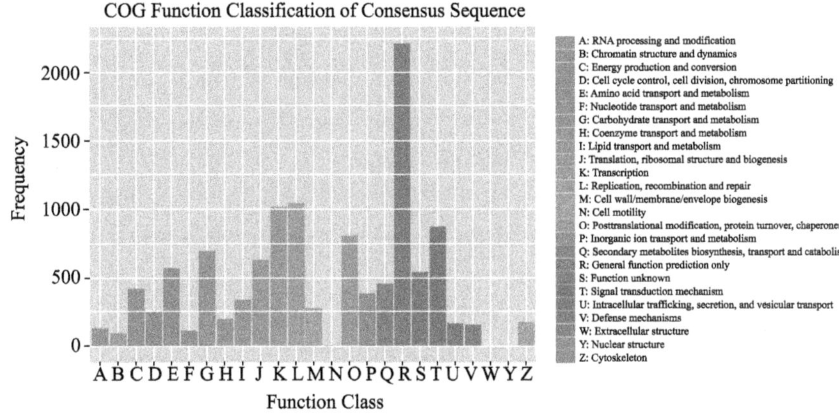

图 9-1　红松 UniGene 的 COG 注释（彩图清扫封底二维码）

如图9-2所示，GO富集性分析将注释的UniGene序列分成Cellular component、Molecular function、Biological process 3 个大类 56 个小类，分别包含了 16 个、16 个、24 个功能亚类，其中，Cellular component 中，cell part、cell、organelle 基因最多；Molecular function 中，catalytic activity、binding 基因最多；Biological process 中，metabolic process、cellular process 基因最多。

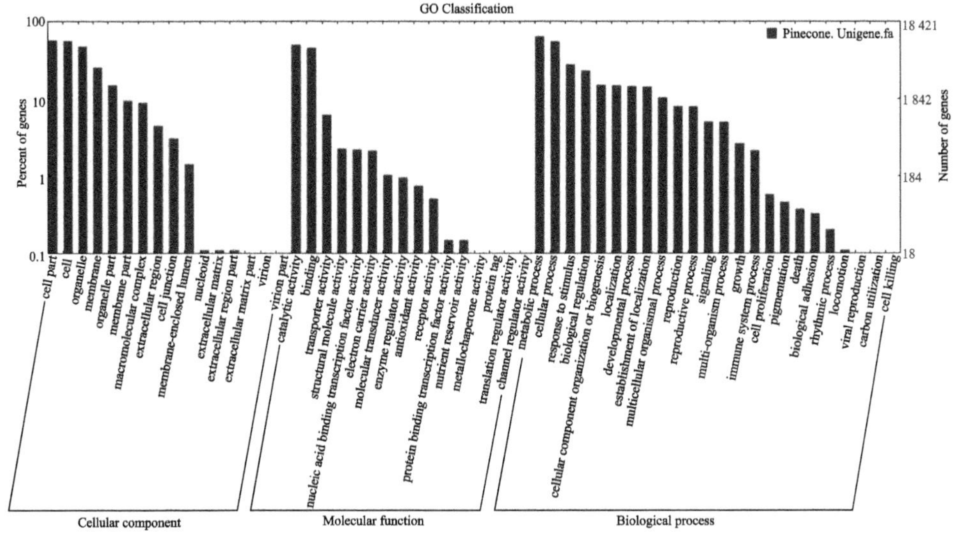

图 9-2　UniGene 的 GO 功能注释及分类统计结果

9.3 不同组织差异 UniGene 的 GO 分析

在转录组测序、组装和注释的基础上，将红松不同部位进行基因表达对比分析（表 9-1）。发现嫩梢（T2）、雌花（T3）、球果（T4）与针叶（T1）相比，分别有 792 个、1055 个、2668 个 UniGene 上调表达，有 1069 个、1516 个、3248 个 UniGene 下调表达；雌花（T3）、球果（T4）与嫩梢（T2）相比，分别有 834 个、2841 个 UniGene 上调表达，有 802 个、3016 个 UniGene 下调表达；球果（T4）与雌花（T3）相比，有 2771 个 UniGene 上调表达，有 2850 个 UniGene 下调表达。研究发现球果分别与针叶、嫩梢、雌花的差异 UniGene 数量最多，说明球果在形成过程中进行的不同途径的表达量丰富。通过 GO 分类，分别研究不同部位间差异 UniGene 的功能（图 9-3）及不同部位间差异显著的 UniGene GO 富集。GO 功能分类表明，在所有组织部位间的差异基因，被分为细胞组分、分子功能、生物过程三大类。而细胞组分中 cell、organelle、cell part 三个亚类所占比例较高，分子功能中 catalytic activity、binding 两个亚类所占比例较高，生物过程中 metabolic process、cellular process 所占比例较高，同时，由图 9-3 可知，球果（T4）较针叶（T1）、嫩梢（T2）、雌花（T3）3 个组织部位的转录组差异 UniGene 在 GO 功能分类中所占的比例均较高。在此基础上，分别对不同部位间差异 UniGene 进行 GO 富集，我们以叶（T1）vs 果（T4）为例（图 9-4），发现叶与果在 sequence-specific DNA binding transcription factor activity（122）、oxidoreductase activity（63）、metabolic process（183）、oxidation-reduction process（298）、carbohydrate metabolic process（83）、extracellular region（129）、plant-type cell wall（95）、cytoplasmic membrane-bounded vesicle（190）、apoplast（91）等方面差异显著。

表 9-1 注释的差异基因数量统计

类型	总数	上调数量	下调数量
T1 vs T2	1861	792	1069
T1 vs T3	2571	1055	1516
T1 vs T4	5916	2668	3248
T2 vs T3	1636	834	802
T2 vs T4	5857	2841	3016
T3 vs T4	5621	2771	2850

注：第一列表示样品组合，前一个样品为对照组，后一个样品为实验组

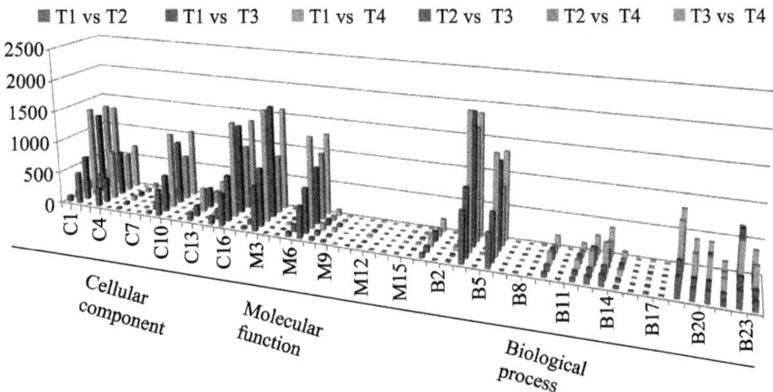

图 9-3　不同部位间差异 UniGene 的 GO 功能注释及分类统计（彩图清扫封底二维码）

C1 代表 extracellular region；C2 代表 cell；C3 代表 nucleoid；C4 代表 membrane；C5 代表 virion；C6 代表 cell junction；C7 代表 extracellular matrix；C8 代表 membrane-enclosed lumen；C9 代表 macromolecular complex；C10 代表 organelle；C11 代表 extracellular matrix part；C12 代表 extracellular region part；C13 代表 organelle part；C14 代表 virion part；C15 代表 membrane part；C16 代表 cell part；M1 代表 protein binding transcription factor activity；M2 代表 nucleic acid binding transcription factor activity；M3 代表 catalytic activity；M4 代表 receptor activity；M5 代表 structural molecule activity；M6 代表 transporter activity；M7 代表 binding；M8 代表 electron carrier activity；M9 代表 antioxidant activity；M10 代表 channel regulator activity；M11 代表 metallochaperone activity；M12 代表 enzyme regulator activity；M13 代表 protein tag；M14 代表 translation regulator activity；M15 代表 nutrient reservoir activity；M16 代表 molecular transducer activity；B1 代表 reproduction；B2 代表 cell killing；B3 代表 immune system process；B4 代表 metabolic process；B5 代表 cell proliferation；B6 代表 cellular process；B7 代表 carbon utilization；B8 代表 viral reproduction；B9 代表 death；B10 代表 reproductive process；B11 代表 biological adhesion；B12 代表 signaling；B13 代表 multicellular organismal process；B14 代表 developmental process；B15 代表 growth；B16 代表 locomotion；B17 代表 pigmentation；B18 代表 rhythmic process；B19 代表 response to stimulus；B20 代表 localization；B21 代表 establishment of localization；B22 代表 multi-organism process；B23 代表 biological regulation；B24 代表 cellular component organization or biogenesis

图 9-4　叶（T1）vs 果（T4）间的 GO 富集分析

9.4　不同组织差异 UniGene 的 Pathway 注释分析

为了研究差异 UniGene 涉及的代谢途径，利用 KEGG 数据库分别对其进行了 Pathway 富集分析（图 9-5），同样以叶（T1）vs 果（T4）为例，发现叶与球果在 Phenylpropanoid biosynthesis（61）、Phenylalanine metabolism（43）、Photosynthesis（31）、Circadian rhythm mammal（17）、Flavonoid biosynthesis（25）、Diterpenoid biosynthesi（13）、Protein processing in endoplasmic reticulum（47）等途径差异显著。研究不同部位间差异 UniGene 的 Pathway 富集分析的前 3 位差异 Pathway 数据，表明，T1 vs T2 间与 T1 vs T3 间的差异 Pathway 一致，均为 Phenylpropanoid biosynthesis、Phenylalanine metabolism、Photosynthesis；T1 vs T4 间、T2 vs T4 间与 T3 vs T4 间的差异 Pathway 一致，均为 Phenylpropanoid biosynthesis、Phenylalanine metabolism、Protein processing in endoplasmic reticulum；T2 vs T3 间的差异 Pathway 为 Phenylpropanoid biosynthesis、Phenylalanine metabolism、Plant hormone signal transduction。

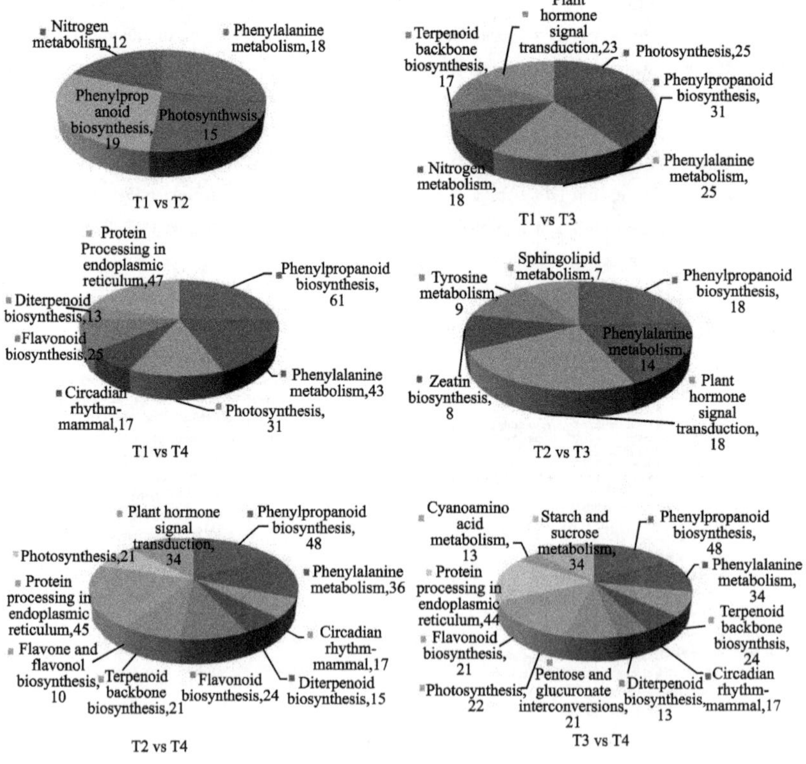

图 9-5　不同部位差异 UniGene 的 KEGG 富集分析（彩图清扫封底二维码）

9.5　红松次生代谢产物初探

9.5.1　脂肪酸合成途径相关基因

转录组数据库中注释到次生代谢产物代谢途径的 UniGene 基因有 669 个，代谢途径有 25 个不同的分支。对不同部位的转录组数据进行 Pathway 富集性分析发现共有 48 个 UniGene 可归类于脂肪酸生物合成途径，脂肪酸合成是油脂合成的基础，因此对脂肪酸合成途径基因的研究有助于更深入地认识油脂合成的机理。对每组两两比较获得的差异表达 UniGene 分别进行 Pathway 富集性分析后发现，每组差异表达 UniGene 中都有一些被归类于脂肪酸生物合成途径。将 48 个 UniGene 序列在 KEGG 数据库中比对后获得 16 个与其他物种同源的脂肪酸合成相关的关键酶基因，片段平均长度为 1397.65bp，其中，KAS Ⅰ 片段序列最长，为 2542.5bp；在表达水平上，以 *FATB* 和 *SAD* 最高，同时，两个基因均在球果中表达量最高（图 9-6）。

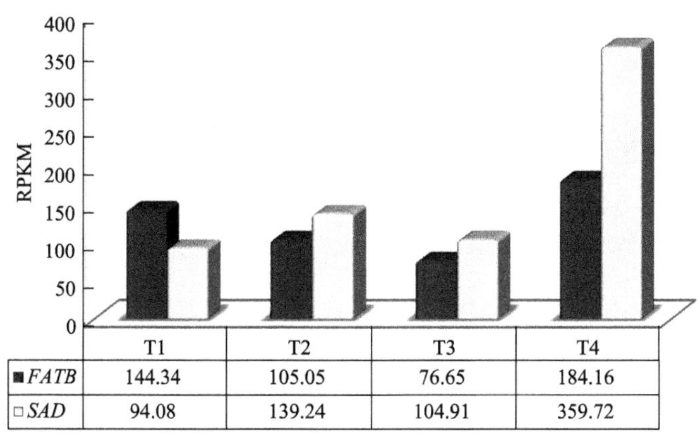

	T1	T2	T3	T4
■*FATB*	144.34	105.05	76.65	184.16
□*SAD*	94.08	139.24	104.91	359.72

图 9-6　*FATB* 与 *SAD* 基因在不同部位间的表达水平

9.5.2　挥发油、萜类化合物合成途径关键酶基因

萜类化合物是植物次生代谢物中的一类重要化合物，被植物用于防御病虫害，是针叶树的重要防御物质。萜类化合物在针叶树中通常以复杂的混合物形式存在，其数量和特性会影响萜烯类化合物对潜在的致病菌和植食性昆虫的防御作用。目前，萜类化合物已成为针叶树研究领域中的热点问题。萜类合成酶（terpene synthase，TPS）是萜类化合物生物合成过程中的关键酶之一。研究发现，萜类化合物生物合成有 2 条分别独立的途径，即甲羟戊酸途径（MVA）和丙酮酸途径（DXP）。这 2 条合成途径分别在细胞溶质和细胞质体中形成 5C 单位的异戊烯基二磷酸（IPP）和二甲丙烯焦磷酸（DMAPP），IPP 与 DMAPP 结合为牻牛儿基焦磷酸（GPP），GPP 去焦磷酸后即生成单萜。IPP 与 GPP 头尾相连则产生法尼基焦磷酸（FPP），之后释放出焦磷酸则可形成倍半萜。FPP 以尾尾方式连接，即合成三萜类。IPP 和 FPP 相连会产生牻牛儿基牻牛儿基焦磷酸（GGPP），去焦磷酸后形成四萜。GGPP 可与多个 IPP 头尾连接合成多萜类产物。对不同部位的转录组数据进行 Pathway 富集性分析，发现共有 97 个 UniGene 可归类于萜类化合物生物合成途径，共注释到 34 个萜类生物合成途径关键酶基因，片段平均长度为 880.6bp，其中，*GGPS* 片段最长，为 2179.5bp。表达水平上，RPKM 值前 7 位的基因表达量显示，在不同部位中球果中的萜类化合物基因表达量最少。除 *HDR* 外，其余基因在嫩梢和雌花中的表达量较高（图 9-7）。

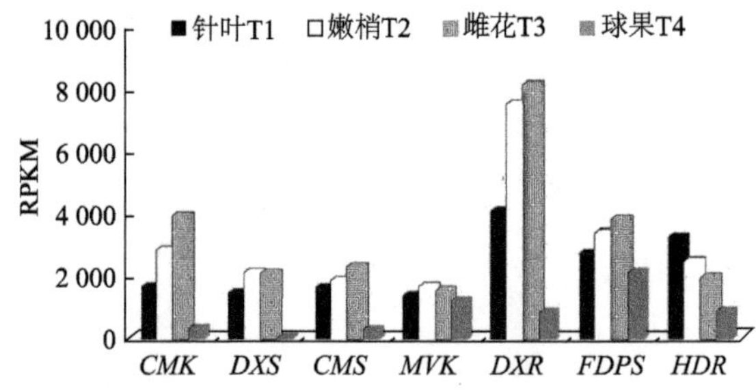

图 9-7　RPKM 值前 8 位的基因在不同部位间的表达水平

9.6　结　　论

HiSeq 2000 高通量测序数据量大，效率高，适合于进行松属树种转录组的研究。UniGene 及其功能注释作为计算基因组学的产物，对育种来说就是一笔宝贵的资源（Pavy et al.，2005）。本研究采用 RNA-Seq 技术对红松针叶、嫩梢、雌花和球果 4 个部位间的转录组进行比较研究，将红松不同部位间的差异表达的基因进行了 GO 和 Pathway 信号途径分类，初步明确了各个基因编码的蛋白质的功能，为研究基因表达变化与油脂合成之间，以及与萜类化合物合成之间的关系奠定了基础，并将有助于开展选择育种和基因工程研究。

本研究经过序列拼接，获得 4 901 106 个 contig 片段，通过 Trinity 组装得到 41 476 条 UniGene。通过对 UniGene 进行功能注释，最终获得有注释信息的 UniGene 有 26 849 个，占全部 UniGene 的 64.73%。COG 功能分类将获得的功能注释涉及 24 个 COG 功能类别，GO 富集性分析将注释的 UniGene 序列分成 Cellular component、Molecular function、Biological process 3 个大类 56 个小类。这一结果表明，采用高通量测序可以应用于红松不同部位间生长发育过程中重要基因表达的研究。Li 等（2013）采用高通量测序技术进行人参不同部位间的转录组分析，挖掘皂苷生物合成基因；李铁柱等（2012）完成了杜仲果实与叶片的转录组组装与功能注释，证实了高通量测序应用于研究不同组织间的转录水平的可行性。Chen 等（2012）、Dawn 等（2013）、Niu 等（2013）、王晓锋等（2013）分别采用高通量测序在针叶树中对挪威云杉、美国黑松、油松、马尾松完成了转录组测序，并进行了基因资源的挖掘。

通过红松不同部位间的基因表达对比分析发现，球果分别与针叶、嫩梢、雌花的差异 UniGene 数量最多，说明生长发育期的球果存在着丰富的生化进程，处于基因高表达水平。由差异基因的 GO 分类可知，在细胞组分中的 cell、organelle 等亚类所占比例较高，分子功能中 catalytic activity、binding 两个亚类所占比例较高，生物过程中 metabolic process、cellular process 所占比例较高，而球果的高表达水平说明，差异基因的 GO 分类中主要体现为球果中含有大量与快速生长相关的基因。不同部位差异 UniGene 的 Pathway 注释分析结果与 GO 功能分析注释结果相似。

红松无论作为用材林，还是作为食品及化工用品都具有较高的发展前景，目前对红松种仁中脂肪酸成分研究较多，表明松仁脂肪酸成分中以不饱和脂肪酸为主。王振宇等（2008）、张振等（2014）采用气质联用法检测了经超临界法提取的松仁油，不饱和脂肪酸的含量在 90%以上，其主要成分为油酸、亚油酸、α-松油酸和棕榈酸，其中亚油酸和 α-松油酸的含量最高。脂酰-酰基载体蛋白硫酯酶（acyl-acyl carrier protein thioesterase，FAT）是脂肪酸从头合成途径中的关键酶，其主要功能是将脂酰基-ACP 水解成游离脂肪酸和 ACP，从而终止脂肪酸从头合成途径中脂肪酸链的延长。由于底物不同，Fat 又被分为 FatA 和 FatB 两大家族，它们共同控制着植物体中饱和脂肪酸和不饱和脂肪酸的比例。硬脂酰 ACP Δ^9 脱饱和酶（stearoyl-ACP Δ^9 desaturase，SAD）在植物质体中，以硬脂酰 ACP（stearoyl-ACP，C18-ACP）为底物，生成顺式不饱和双键的油酰基 ACP（Δ^9C18:1-ACP），接着在硫酯酶的作用下解离，转运至内质网进行三酰甘油的组装或再延长及去饱和等过程，因此，SAD 是植物脂肪酸合成通路中一个重要的分支点，是不饱和脂肪酸合成中不可缺少的关键酶，直接决定饱和脂肪酸与不饱和脂肪酸的比例，这对调节油料植物种子中脂肪酸组成具有重要意义。在表达水平上，以 FatB 和 SAD 最高，同时，两个基因均在球果中表达量最高。

植物体内许多萜烯成分的分布通常具有种属、器官、组织和生长发育阶段的特异性，表明了萜类合成酶（TPS）存在表达和调控的时空特异性。目前，在针叶树中已报道了 70 多种 TPS，已报道的针叶树 TPS 主要集中在松科植物中。对萜类合成酶的深入研究，可以使我们通过 DNA 重组技术来改造萜类合成细胞中的代谢途径，以提高萜类最终产量或在不含萜类的生物中合成萜类。红松转录组数据库的建立，获得了大量的转录本信息，可用于基因的克隆、表达谱分析、发现新基因、QTL 定位等方面。红松的研究多以定向培育、生长性状、化学成分分析等研究为主，其分子生物学研究进展较为缓慢，而红松转录组数据库的建立，为分子生物学的研究提供了重要的基础和依据；为红松次生代谢产物的生物合成与代谢调控提供了候选的基因资源；为红松活性成分含量指标和优良农艺性状改良奠定了基础。

第10章　红松转录组SSR分析及EST-SSR标记开发

我国具有丰富的红松资源，自20世纪80年代开展红松的遗传改良工作，在分布区内陆续营建初级种子园、子代测定林及改良代种子园，但前期的遗传改良工作主要依据表型选择、生长发育、生态习性等，育种周期较长。遗传标记手段在杂交育种、种质资源保存、新种质挖掘等方面优势明显，在红松的育种工作中依赖于现代分子育种技术开发出来的已有分子标记，但缺乏共显性的遗传标记，尚不能满足红松分子标记辅助育种的需要。

鉴定试验材料的遗传多样性是研究物种起源进化、发现新的基因资源、改良现有育种材料的基础工作。随着高通量测序技术的发展，EST数据不断增加，不少研究者基于转录组或公共数据库挖掘EST-SSR，在品种鉴定及改良、资源分析、遗传图谱构建、功能基因发掘等方面得到了广泛应用。简单重复序列（simple sequence repeat，SSR），又称为微卫星DNA（microsatellite DNA），是一类由1～6个核苷酸串联重复组成的DNA序列（Kalia et al.，2011）。SSR标记具有多态性高、重复性好、共显性、易检测、操作简单等优点，在DNA指纹图谱的构建、遗传多样性分析、基因定位、分子标记辅助育种等方面得到了广泛应用。主要体现在SSR标记的串联重复的数目不但是可变的并能表现出多态性，而且在等位基因分析时，单个SSR位点具有共显性的特点。在林木育种研究中，针叶树种是我国主要的用材树种，开展SSR分子标记研究具有重要意义，SSR标记在马尾松、兴安落叶松、日本落叶松、水杉、红豆杉、杉木中均有报道。在SSR标记技术中，对扩增序列长度和丰度的有效检测是该标记技术的又一关键。琼脂糖凝胶电泳的优点是易操作、耗时短，可在紫外灯下对电泳的过程和结果进行观察和检测，缺点是分辨率较低。聚丙烯酰胺凝胶电泳（PAGE）的优点是分辨率高，片段差异可达1bp，分离效果良好；缺点是非自动化检测模式，效率较低，识别片段大小准确性差和不同批次数据难统一。毛细管电泳是一种高通量的SSR检测技术，与PAGE相比，具有高效、自动化、准确度高等优势，缺陷是技术要求较高、费用大，但在大批量品种的鉴定时，能够发挥自动化、准确性高的优势。冯锦霞等（2011）、李雄伟等（2013）、陈雅琼（2011）、程本义等（2011）分别于杨属（*Populus*）、桃（*Amygdalus persica*）、烟草（*Nicotiana tabacum*）、水稻（*Oryza sativa*）中比较得出，在同一检测成本上，荧光标记技术检测效率高于银染法，结果更为精确灵敏。SSR 标记主要包括基因组（gSSR）和表达序列标签 SSR（EST-SSR）。表达序列标签直接反映基因的表达信息，EST 数据来源于基因的转录区域，其多态性可能与基因功能直接相关，因此，比 gSSR 标记具有更高的通用性。研究利用获得的红松转录组数据，开发 EST-SSR 标记，同时对其组成、分布及特征进行了分析，进一步开发出适用于红松的 SSR 标记，并以 4 个种子园的 53 个自由授粉子代为材料进行 EST-SSR 遗传变异分析。

10.1 材料与方法

10.1.1 供试材料

转录组测序样本为黑龙江省林口县青山林场红松种子园内无性系 LK15 与无性系 LK20 的针叶、嫩梢、雌花和球果，液氮速冻后送北京百迈客生物科技有限公司进行全转录组的 Illumina 高通量深度测序，共包含 41 476 条 UniGene。

SSR 扩增用的 53 份红松样本分别来自于 1979 年黑龙江省苇河、铁力、鹤岗和林口营建的嫁接种子园（表 10-1）。种子园亲本来源：苇河青山为鹤北优树、鹤岗为五营优树、林口青山为当地人工林优树、铁力为五营优树。造林株行距为 4m×6m，无性系错位排列。每个无性系将采集后的球果晾干、制种，于 2013 年冬进行催芽处理。

表 10-1 红松试验材料

种子园	无性系号
鹤岗	1、10、12、14、17、2、21、23、39、41、43、44、49、6、8
林口	11、13、15、16、18、19、20、24、26、27、3、32、6、79-36、8
铁力	1024、1048、1061、1104、1112、1131、1185、1209、1357、1383、3083、3101
苇河	008、019、028、042、056、063、065、067、071、117、162

10.1.2 方法

10.1.2.1 样本 DNA 提取

每个无性系选取 1 个无病虫害的单株嫩苗，采用江苏世阳生物科技有限公司新型植物基因组提取试剂盒提取红松基因组 DNA，用 1%的琼脂糖凝胶电泳检测 DNA 的质量，–20℃保存备用。

10.1.2.2 红松转录组 SSR 位点的鉴别及 SSR 引物设计

对红松的针叶、嫩梢、雌花和球果的 41 476 条 UniGene，利用 MISA 软件（Guo et al.，2010）查找 SSR 位点。查找标准：二、三、四、五、六核苷酸的最小重复次数分别为 6、5、5、5、5 次。用 Primer5 软件进行引物设计。

10.1.2.3 引物筛选与 PCR 扩增

按照 SSR 引物设计原则，对含 1757 个 SSR 位点的 EST 序列进行引物设计，舍去引物合成不理想的序列，最终合成 101 对 SSR 引物（北京鼎国昌盛生物技术有限责任公司），SSR 位点包括 2～5 个核苷酸重复单元。PCR 反应体系为 25μl：模板 DNA（25ng/μl）2.0μl，10×PCR buffer 2.5μl，1U *Taq* 酶 0.5μl，引物（10μmol/L）各 0.5μl，dNTPs 0.5μl，ddH$_2$O 18.5μl。PCR 扩增程序：95℃预变性 5min；95℃变性 30s，最佳退火温度 30s，72℃延伸 30s，35 个循环；72℃延伸 10min。每个种子园选用一个 DNA 模板对 101 对引物进行扩增检验。PCR 产物首先采用 2%琼脂糖凝胶电泳进行初步检测，舍去无扩增产物的引物，之后在 6%变性聚丙烯酰胺凝胶上电泳分离检测。收集扩增产物，送生工生物工程（上海）股份有限公司测序验证。

选择出扩增反应稳定、条带清晰、具有多态性位点的 6 对引物，进而合成荧光标记引物。PCR 扩增后，取 1μl PCR 产物，加入 8.5μl 去离子甲酰胺、0.5μl ROX-500 分子质量内标，95℃变性 5min，于 4℃保温 10min，3000r/min 离心 1min，于 ABI3730DNA 分析仪上进行毛细管电泳，并收集数据。

10.1.2.4 数据分析

用 GeneMapper4.0 软件对收集的原始数据进行分析，系统将各峰值的位置与其泳道中的 ROX-500 分子质量内标予以比较，读取 SSR 标记片段大小，按照大写英文字母顺序记录等位基因，即同一位点最大的等位基因记为 A，其余等位基因依次记为 B、C、D 等，若只有一个峰值，则按照纯合基因型处理。用 POPGENE1.31 软件（Yeh et al.，1999；Nei，1973）统计分析等位基因数（Na）和 Shannon 信息指数（*I*），利用 PowerMarkerV3.25 软件（Liu and Muse，2005）计算多态性信息量（PIC）。

10.2　红松 EST-SSR 标记开发

10.2.1　红松转录组中 SSR 位点的数量与分布

从红松转录组的41 476条UniGene序列中发现1757个SSR位点，分布在1549个 UniGene 中，发生频率（含有 SSR 的 UniGene 数量与总 UniGene 数量之比）为 3.73%，其中，含 2 个及 2 个以上的 SSR 位点的 UniGene 序列有 56 条，1493 条序列含 1 个 SSR 位点，SSR 的分布频率（SSR 的个数与总 UniGene 的数量比）为 4.24%，红松转录组序列中平均 17.38kb 发现 1 个 SSR 位点。红松转录组中 SSR 种类包括 1～5 核苷酸重复类型，主要集中在单、二、三核苷酸重复类型上，占 SSR 总量的 98.68%（表 10-2）。

表 10-2　红松转录组中 SSR 重复单元的分布特征

重复类型	数目	各类型比例/%	频率/%	平均距离/kb	平均长度/bp	主要重复类型
单核苷酸	824	46.90	1.99	37.07	11.81	A/T、C/G
二核苷酸	302	17.12	0.73	101.14	14.34	AC/GT、AG/CT、AT/AT、CG/CG
三核苷酸	609	34.66	1.47	50.16	16.37	AAC/GTT、AAG/CTT、AAT/ATT、ACC/GGT、ACG/CGT、ACT/AGT、AGC/CTG、AGG/CCT、ATC/ATG、CCG/CGG
四核苷酸	18	1.02	0.04	1696.96	21.11	AAAC/GTTT、AAAG/CTTT、AAAT/ATTT、AAGC/CTTG、AAGG/CCTT、AATC/ATTG、AATG/ ATTC、ACTC/A GTG、AGGC/CCTG
五核苷酸	4	0.23	0.01	7636.31	20	AAAAC/GTTTT、AATTC/AATTG、ACACT/AGTGT、AGCCC/CTGGG
总计	1757	100	4.24	17.38	13.94	

红松转录组 SSR 位点的序列平均长度为 13.94bp，单、二、三、四、五核苷酸重复的平均长度分别为 11.81bp、14.34bp、16.37bp、21.11bp、20bp。如图 10-1 所示，重复序列长度 10～14bp 最多，达到 52.82%，其次为 15～18bp（37.56%）、19～22bp（7.63%）、>23bp（1.94%）。SSR 重复单元的重复次数分布在 5～24 次，如图 10-2 所示，5～10 次重复最多，占 75.41%。

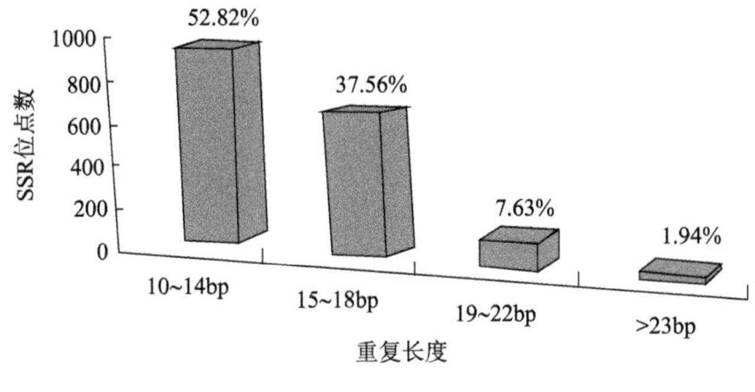

图10-1　SSR重复长度分布

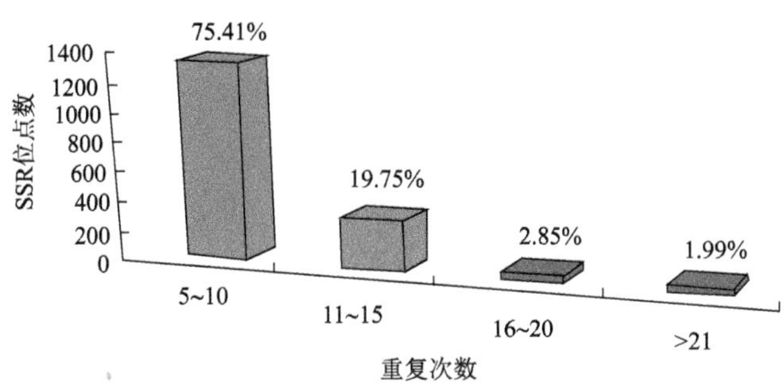

图10-2　SSR重复次数分布

10.2.2　红松转录组SSR分布特征

1757个SSR位点共包含31种重复单元，其中，单、二、三、四和五核苷酸重复单元分别有4、4、10、9和4种。从出现频率来看，频率较高的前5种重复单元分别为A/T、AT/AT、AGC/CTG、AGG/CCT、AAG/CTT，分别占总SSR位点数的46.1%、10.76%、7.63%、6.66%、6.55%，共占总SSR位点数的77.7%。

10.2.3　EST-SSR引物筛选与验证

参试的101对引物中有21对引物扩增可检测出多态性位点，占引物总数的20.8%。然后利用检测出多态性位点的21对引物，进行PCR扩增，收集扩增产物，测序验证，通过测序验证表明，21对引物扩增出的特异条带中有16对引物能够扩增出目标序列，成功率为76.19%，16对引物见表10-3。

表 10-3　SSR 引物序列与重复类型

引物编号	引物序列（5′–3′）	SSR 类型	T_m/℃
P11	F：TGAGAATGAGGCGAACTG R：GAAGGAAAGGTAAGGTGGA	（CT）9	53
P25	F：AAAGTTCACATTGGCACATC R：TCAGTCCAGCGACAACAG	（CTC）7	55
P44	F：TTTCGGTTCTCAGGCTCT R：CCCTGGTGGTACAATGAC	（ATG）5acgatgaag（ATG）6	53
P47	F：GTTTCCGAGATTCCCAGAC R：CAGTAGTAATATCCCGTTT	（AT）9	51
P49	F：GAGATGAGCGAATCTGGG R：TACAAGTTCCACCTACGG	（AAG）7	52
P60	F：AAACGCAGAGTGGAGGAA R：AACTCGGAGCATTTGGTG	（CTG）6	52
P62	F：AGTGGTCTACGCTGGAGT R：AACATTTAGGTCTTGGAGG	（GCA）7	51
P63	F：GCAGCAGATCAGAGGGAG R：CAGCCAACAACTGGTCATAC	（CAG）7	56
P67	F：TGAACGCACAGGCAAGTT R：GCGAAGGCAATGGTGAAA	（ACAA）5	52
P70	F：CAACATCGCCAATGACTC R：CCTACCTACGCTCTGCTC	（CTCA）6	54
P72	F：TGGGTTACCACCTTTAGC R：CAATCAGAGTCTGGAGCA	（GCT）6	52
P74	F：ACGCTACCGATTCTTACC R：GTGTTCGCCTACAACTCAT	（GAA）6	52
P79	F：CCACCGCCAAGTCCATTA R：GCTTTGTTAGCCGTCCAG	（CAA）7	55
P82	F：GGAAGATGAATCGCAAACC R：ACACCCGCCTGAAGAGCA	（GCG）6	54
P90	F：CCGCAAATCCGAGCAATG R：GCAGCAGACGATAATGAACCC	（CCA）7	56
P92	F：ACTTTGCGTGAATCAGACC R：AAAGTAAGGCTGCTTGCATGA	（CAG）7	53

10.3　SSR 位点多态性检测

选取具有多态性的 6 对引物，合成荧光标记引物，对 53 个红松无性系 DNA 进行 PCR 扩增，用以检测红松种子园无性系的遗传多样性，如图 10-3、图 10-4 所示，引物 P92、P79 分别扩增 4 个模板的毛细管电泳图。采用 GeneMapper4.0 软件进行数据分析，结果显示，53 个样本在 6 个 SSR 位点检测到的遗传变异见

表 10-4，6 对引物共检测到 18 个等位基因，平均每对引物检测到 3 个等位基因，多态性信息量（PIC）为 0.0363～0.6674，平均为 0.325。根据 Botstein 等（1980）的理论，有 2 个标记为低度多态性位点（0≤PIC≤0.25），3 个标记为中度多态性位点（0.25＜PIC≤0.5），剩余 1 个为高度多态性位点（PIC＞0.5），P63 位点 PIC 最高（0.6674）。

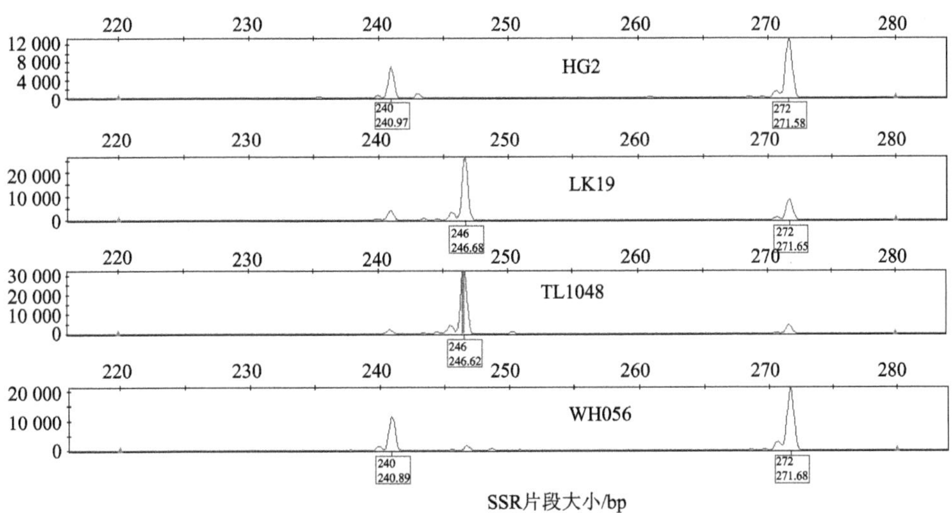

图 10-3　HG2、LK19、TL1048 和 WH056 在荧光标记 P92 座位上的毛细管电泳峰图

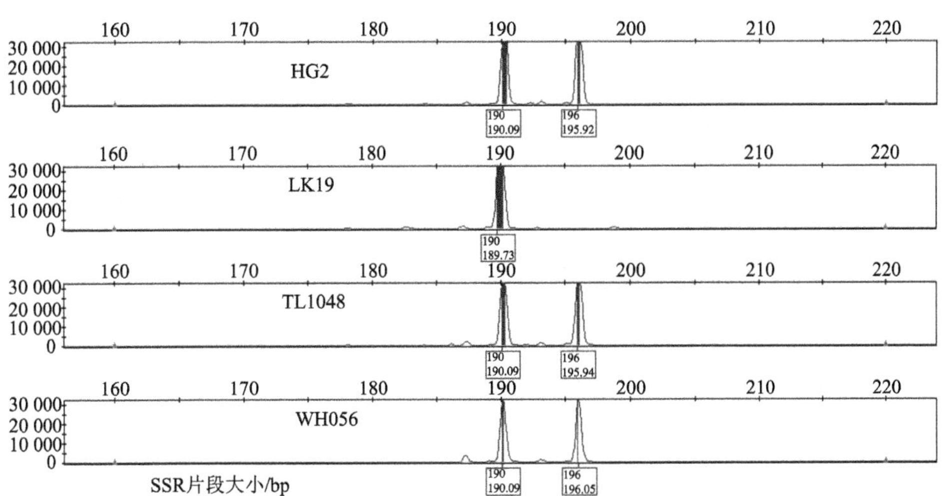

图 10-4　HG2、LK19、TL1048 和 WH056 在荧光标记 P79 座位上的毛细管电泳峰图

表 10-4　SSR 引物的扩增产物及其多态性分析

SSR 引物	扩增片段大小/bp	等位基因频率	Shannon 信息指数（I）	多态性信息量（PIC）
P92	240～272	0.0849～0.6415	0.8488	0.4378
P60	140～242	0.0472～0.7925	0.7191	0.3329
P63	234～248	0.0377～0.3208	1.3673	0.6674
P74	134～139	0.0198～0.9802	0.0936	0.0363
P79	190～196	0.217～0.783	0.5231	0.2821
P90	234～238	0.1226～0.8774	0.3722	0.192
均值			0.654	0.325

10.4　结　　论

红松属于基因组序列比较庞大的裸子植物，本研究从红松 41 476 条 UniGene 序列中发掘出 1757 个 SSR 位点，平均 17.38kb 发现 1 个 SSR 位点，SSR 的分布频率(SSR 的个数与总 UniGene 的数量比)为 4.24%，小于杨属(*Populus*)(14.83%)、油茶（*Camellia*）(6.7%）等树种，与火炬松（*Pinus taeda*）(4.32%)、马尾松（*Pinus massoniana*）(3.62%)、日本落叶松（*Larix kaempferi*）(3.85%）相当。参试的 101 对引物中有 21 对引物扩增可检测出多态性位点，占引物总数的 20.8%。在对不同树种的研究中，EST 中含有 SSR 重复序列的比例及类型有差异，本研究可扩增出多态性位点的引物的重复单元以二、三核苷酸重复为主。由于密码子以三核苷酸为一个功能单位，三核苷酸位移对一个表达基因的可读框不会造成太大影响，因此在 EST 序列中发现三核苷酸重复的 SSR 类型最多，在大多数物种中二核苷酸和三核苷酸是最常见的转录组 SSR 重复单位类型（Varshoey et al.，2002），本研究结果印证了这一点；本研究以三核苷酸重复较多，占 SSR 总数的 34.66%，二核苷酸重复占 SSR 总数的 17.12%。同时验证了低级单元 SSR 的多态性普遍比高级单元的高的推断，因此在设计 SSR 引物时应侧重于含低级单元的序列。

开发出 6 对引物用于 53 个红松子代家系的多态性检测分析，结果表明平均等位基因数为 3.0，Shannon 信息指数为 0.654，多态性信息量（PIC）平均值为 0.325，检测基因多样性水平的结果与张悦等（2013）研究的红松微卫星标记相似。这些结果说明基于红松转录组序列开发和筛选出的 EST-SSR 引物可用于红松育种资源的遗传多样性评价。

EST-SSR 在构建种质资源遗传多样性评价与保护等研究中具有很大优势，但同时它也存在一定的缺陷，由于 EST-SSR 来自相对保守的功能基因序列，因此与 Genomic SSR 标记相比，EST-SSR 标记的多态性较低（Eujayl，2002）；SSR 分子标记多态性是基于扩增片段中不同的微卫星重复数目产生的，但对于长度相同而由不同碱基重复序列组成的 SSR 或者长度相近的 SSR 不能有效地加以区分。随着公共数据库中不断增加的 EST 序列可开发新的 EST-SSR 标记，以及基于高通量测序技术更为有效地获得 EST 序列，有助于增加多态性 SSR 引物的数量，从而弥补 EST-SSR 标记本身多态性较低的问题；同时，结合其他分子标记如 AFLP、SNP 等进行比较研究，可以提高试验的可靠性和准确性。本研究采用 ABI3730DNA 分析仪对 6 对荧光 SSR 引物所扩增的 PCR 产物进行毛细管电泳片段分析，克服了聚丙烯酰胺凝胶电泳方法中人工估算片段大小所造成的误差，实验结果更加客观。然而要想更多地了解红松资源之间的遗传信息和遗传关系，还需要使用更多的 SSR 标记。本项研究印证了利用红松转录组数据开发 SSR 标记的可行性，同时采用荧光标记技术检测红松自由授粉子代材料，为红松种质资源遗传多样性分析、分子标记辅助育种、遗传图谱构建和功能基因的挖掘等奠定了基础。

参 考 文 献

柴春山, 芦娟, 蔡国军, 等. 2013. 文冠果人工群体的果实表型多样性及其变异[J]. 林业科学研究, 26(2): 181-191.

陈红滨, 刘秀坤. 1990. 红松籽仁中氨基酸组成与含量[J]. 东北林业大学学报, 18(6): 94-98.

陈丽君, 邓小梅, 丁美美. 2014. 苦楝种源果核及种子性状地理变异的研究[J]. 北京林业大学学报, 36(1): 15-20.

陈隆升, 彭方仁, 梁有旺, 等. 2009. 不同种源黄连木种子形态特征及脂肪油品质的差异性分析[J]. 植物资源与环境学报, 18(1): 16-21.

陈香波, 叶文国, 田旗, 等. 2010. 夏蜡梅天然群体表型变异及分布特征[J]. 北京林业大学学报, 2(32): 133-140.

陈小强. 2004. 红松种仁不饱和脂肪酸和多糖的提取及功能检验[D]. 东北林业大学硕士学位论文.

陈晓阳, 沈熙环. 2005. 林木育种学[M]. 北京: 高等教育出版社.

陈雅琼. 2011. 基于SSR荧光标记和毛细管电泳检测技术的我国烟草审(认)定品种遗传多样性研究[D]. 中国农业科学院烟草研究所硕士学位论文.

陈在新, 雷泽湘, 刘会宁, 等. 2000. 板栗营养成分分析及其品质的模糊综合评判[J]. 果树科学, 17(4): 286-289.

程本义, 夏俊辉, 龚俊义, 等. 2011. SSR荧光标记毛细管电泳检测法在水稻DNA指纹鉴定中的应用[J]. 中国水稻科学, 25(6): 72-76.

程小毛, 黄晓霞. 2011. SSR标记开发及其在植物中的应用[J]. 中国农学通报, 27(5): 304-307.

邓继峰, 张含国, 张磊, 等. 2010. 17年生杂种落叶松遗传变异及优良家系选择[J]. 东北林业大学学报, 38(1): 8-11.

刁松锋, 邵文豪, 姜景民, 等. 2014. 基于种实性状的无患子天然群体表型多样性研究[J]. 生态学报, 34(6): 1451-1460.

董雷鸣, 曾燕如, 邬玉芬, 等. 2014. 榧树天然群体中种子表型特征与化学成分的变异分析[J]. 浙江农林大学学报, 31(2): 224-230.

董元海, 王元兴, 李奎全, 等. 2013. 红松不同分布亚区优树群体结实与生长性状分析[J]. 吉林林业科技, 42(1): 6-12.

窦全丽, 何平, 肖宜安, 等. 2005. 濒危植物缙云卫矛果实、种子形态分化研究[J]. 广西植物, 25(3): 219-225.

段丽娟, 侯智霞, 李连国. 2009. 我国木本食用油料植物种实品质研究进展[J]. 北方园艺, 7: 136-139.

冯富娟, 隋心, 张冬东. 2008. 不同种源红松遗传多样性的研究[J]. 林业科技, 33(1): 1-4.

冯富娟, 王凤友, 李长松, 等. 2004. 长白山不同海拔条件下红松的遗传分化[J]. 东北林业大学学报, 32(3): 1-3.
冯富娟, 张冬东, 韩士杰. 2007. 红松种子园优良无性系的遗传多样性[J]. 东北林业大学学报, 35(9): 9-11.
冯锦霞, 张川红, 郑勇奇, 等. 2011. 利用荧光 SSR 标记鉴别杨树品种[J]. 林业科学, 47(6): 167-174.
冯彦博, 白凤翎. 2003. 松仁的营养价值及其深加工[J]. 食品研究与开发, 24(4): 86-87.
顾万春. 1995. 中国林木育种区[M]. 北京: 中国林业出版社.
顾万春, 李百炼. 1997. 中国林木育种策略[C]. 广西桂林: 中国林学会林木遗传育种第四届年会: 10-11.
贯春雨, 张含国, 张磊, 等. 2011. 基于松科树种 EST 序列的落叶松 SSR 引物开发[J]. 东北林业大学学报, 39(1): 20-23.
韩宁林. 1996. 值得重视的松籽资源[J]. 林业科技开发, 4: 12-13.
郝艳宾, 王克建, 王淑兰. 2002. 几种早实核桃坚果中蛋白质脂肪酸组成成分分析[J]. 食品科学, 23(10): 123-125.
郝艳宾, 吴春林, 陈永浩, 等. 2013. 麻核桃新品种——'京艺一号'的选育[J]. 果树学报, 30(4): 718-719.
黄海燕, 杜红岩, 乌云塔娜, 等. 2013. 基于杜仲转录组序列的 SSR 分子标记的开发[J]. 林业科学, 49(5): 176-181.
季孔庶, 王章荣, 邱进清, 等. 2004. 马尾松纸浆材无性系选育和多地点试种[J]. 林业科学, 40(1): 64-69.
江锡兵, 龚榜初, 汤丹, 等. 2013. 中国部分板栗品种坚果表型及营养成分遗传变异分析[J]. 西北植物学报, 33(11): 2216-2224.
江泽慧, 等. 2008. 中国现代林业[M]. 2 版. 北京: 中国林业出版社: 316-317.
黄儒珠, 方兴添, 郭祥泉, 等. 2002. 南方红豆杉种子的化学成分分析[J]. 应用与环境生物学报, 8(4): 392-394.
赖猛, 孙晓梅, 张守攻. 2014. 日本落叶松及其杂种无性系间的物候变异与早期选择[J]. 林业科学, 50(7): 52-57.
李宝坤, 孙永义. 1995. 培育红松果园管理方法浅析[J]. 吉林林业科技, (6): 36-37.
李斌, 顾万春. 2003. 松属植物遗传多样性研究进展[J]. 遗传, 25(6): 740-748.
李光友, 徐建民, 陆钊华, 等. 2005. 尾叶桉二代测定林家系的综合评选[J]. 林业科学研究, 18(1): 57-61.
李建科, 李林强, 冯再平, 等. 2004. 华山松籽油脂肪酸组成及其理化性质研究[J]. 食品科学, 25(4): 139-141.
李克志. 1983. 红松生长过程的研究[J]. 林业科学, 19(2): 126-135.
李敏, 刘媛, 孙翠, 等. 2009. 核桃营养价值研究进展[J]. 中国粮油学报, 24(6): 166-169.
李善文, 姜岳忠, 王桂岩, 等. 2004. 黑杨派无性系多性状遗传分析及综合评选研究[J]. 北京林业大学学报, 26(3): 36-40.
李湘萍, 朱政德. 1993. 白皮松种子油中脂肪酸成分分析及其分类学问题[J]. 南京林业大学学报(自然科学版), 17(1): 27-34.

李铁柱, 杜红岩, 刘慧敏, 等. 2012. 杜仲果实和叶片转录组数据组装及基因功能注释[J]. 中南林业大学学报, 32(11): 122-130.
李雄伟, 孟宪桥, 贾惠娟, 等. 2013. 桃品种特异性荧光 SSR 分子标记数据库构建[J]. 果蔬学报, 306: 924-932.
李艳霞, 张含国, 张磊, 等. 2012. 长白落叶松纸浆材优良家系多性状联合选择研究[J]. 林业科学研究, 25(6): 712-718.
梁机. 2001. 分子标记技术及其在林木遗传改良研究中的应用[J]. 广西林业科学, 30: 1-6.
林元震, 郭海, 刘纯鑫, 等. 2009. 火炬松热胁迫 cDNA 文库的 EST-SSR 预测[J]. 华南农业大学学报, 30(3): 41-44.
刘公秉, 季孔庶. 2009. 基于松树 EST 序列的马尾松 SSR 引物开发[J]. 分子植物育种, 7(4): 833-838.
刘国刚, 郑永巨, 李树坤, 等. 1999. 异砧嫁接在红松果林建设上的应用[J]. 中国林副特产, 4: 7-8.
刘茜. 1998. 杉木种子营养化学成分的研究[J]. 林业科学, 34(2): 37-42.
刘映良, 张卫方, 柳青, 等. 2010. 青桐种子形态及脂肪特性分析[J]. 湖北农业科学, 49(8): 1967-1969.
刘迎涛, 李坚, 刘一星. 2004. 人工林红松幼龄材与成熟材力学性质的差异[J]. 东北林业大学学报, 32(4): 1-2.
刘永红, 杨培华, 樊军锋, 等. 2006. 油松优良家系多性状选择方法研究[J]. 西北农林科技大学学报, 34(12): 115-119.
刘远, 刘波洋, 陈丽, 等. 2011. 麻疯树种子含油率与种子大小、粒重的相关性分析[J]. 种子, 30(3): 50-52.
刘志龙, 虞木奎, 唐罗忠, 等. 2009. 不同种源麻栎种子形态特征和营养成分含量的差异及聚类分析[J]. 植物资源与环境学报, 18(1): 36-41.
龙应忠, 吴际友, 童方平, 等. 2004. 火炬松种子园无性系种实性状遗传与变异研究[J]. 南京林业大学学报(自然科学版), 28(6): 103-106.
罗冉, 吴委林, 张旸, 等. 2010. SSR 分子标记在作物遗的应用[J]. 基因组学与应用生物学, 29(1): 137-143.
吕宜芳, 杨玉德, 罗传远, 等. 1999. 疏伐对红松坚果林结实量的影响[J]. 林业科技, 24(1): 13-14.
马常耕, 孙晓梅. 2008. 我国落叶松遗传改良现状及发展方向[J]. 世界林业研究, 21(3): 58-63.
马浩, 邓华平, 张冬梅, 等. 2003. 泡桐属植物育种值预测方法的研究[J]. 林业科学, 39(1): 75-80.
马建路, 庄丽文, 陈动, 等. 1992. 红松的地理分布[J]. 东北林业大学学报, 20(5): 40-47.
那冬晨. 2002. 红松坚果型优良无性系选择的研究[D]. 东北林业大学硕士学位论文.
彭仕尧, 徐建民, 李光友, 等. 2013. 尾细桉无性系在雷州半岛的生长与遗传分析[J]. 中南林业科技大学学报, 33(4): 23-27.
平霄飞, 颜红岚, 王杨健, 等. 1999. 毛细管电泳法快速鉴定水稻品种的初步研究[J]. 中国农业科学, 32(4): 101-103.
齐明. 2007. 我国杉木无性系选育的成就、问题和对策[J]. 世界林业研究, 20(6): 50-55.
任华东, 姚小华. 2000. 樟树种子性状产地表型变异研究[J]. 江西农业大学学报, 22(3): 370-375.

任建中, 刘长青, 汪清锐, 等. 2003. 杨树纸浆材优良无性系选择方法的研究[J]. 北京林业大学学报, 25(4): 25-29.

邵丹. 2007. 凉水国家自然保护区天然红松种群遗传多样性在时间尺度上变化的cpSSR分析[D]. 辽宁师范大学硕士学位论文.

尚福强, 王行轩, 张利民. 2012. 不同产地红松苗期生长的初步研究[J]. 辽宁林业科技, 5: 8-11.

佘诚棋, 方升佐, 杨万霞. 2008. 青钱柳种子形态特征的地理变异[J]. 南京林业大学学报(自然科学版), 32(4): 63-66.

沈海龙, 丛健, 张群, 等. 2011. 开敞度调控对次生林林冠下红松径高生长量和地上生物量的影响[J]. 应用生态学报, 22(11): 2781-2791.

沈熙环. 1992. 种子园技术[M]. 北京: 北京科学技术出版社.

沈熙环. 1994. 种子园优质高产技术[M]. 北京: 中国林业出版社.

施季森. 2012. 林木生物技术育种未来 10 年若干科学问题[J]. 南京林业大学学报(自然科学版), 36(5): 1-13.

隋心. 2009. 红松无性系种子园子代的父本分析及遗传多样性的研究[D]. 东北林业大学硕士学位论文.

孙海芹, 李昂, 班玮, 等. 2005. 濒危植物独花兰的形态变异及其适应意义[J]. 生物多样性, 13(5): 376-386.

孙会忠, 贺学礼, 张跃进, 等. 2007. 中国 12 种绢蒿属植物种子的微形态特征研究[J]. 西北农林科技大学学报(自然科学版), 35(1): 217-222.

孙秋颖, 王太海. 2008. 红松苗木高生长与气象因子相关关系的研究[J]. 吉林林业科技, 37(5): 8-10.

孙文生. 2006. 红松种子园优质高产经营技术研究[D]. 北京林业大学博士学位论文.

孙晓梅, 杨秀艳. 2011. 林木育种值预测方法的应用与分析[J]. 北京林业大学学报, 33(2): 65-71.

孙晓梅, 张守攻, 李时元, 等. 2005. 日本落叶松纸浆材优良家系多性状联合选择[J]. 林业科学, 41(4): 48-54.

孙晓梅. 2003. 日本落叶松优良家系选择与家系生长模型的研究[D]. 中国林业科学研究院博士学位论文.

唐启义, 冯明光. 2007. DPS 数据处理系统[M]. 北京: 科学出版社.

唐晓倩, 刘广全, 李庆梅, 等. 2012. 八种落叶栎类种子形态特征比较分析[J]. 西北林学院学报, 27(4): 1-5.

涂忠虞, 沈熙环. 1993. 中国林木遗传育种进展[M]. 北京: 科学技术文献出版社.

王殿波, 李颖, 王春英. 1999. 红松的综合利用与资源增殖[J]. 国土与自然资源研究, 1: 75-77.

王高林, 马传国, 王德志, 等. 2010. 松籽油的提取及理化指标分析[J]. 中国油脂, 35(2): 69-71.

王洪梅. 2006. 红松种子园优良无性系遗传结构研究[D]. 东北林业大学硕士学位论文.

王宏伟, 刘迎涛, 朱成. 2005. 人工林和天然林红松幼龄材与成熟材的界定及解剖、物理性质的比较[J]. 东北林业大学学报, 33(3): 42-43.

王克胜, 卞学瑜, 咚永昌, 等. 1996. 杨树无性系生长和材性的遗传变异及多性状选择[J]. 林业科学, 32(2): 111-117.

王润辉, 胡德活, 郑会全, 等. 2012. 杉木无性系生长和材性变异及多性状指数选择[J]. 林业科学, 48(3): 45-50.

王淑英, 温哲屹, 李慧颖. 2008. 我国甜杏仁营养成分含量分析[J]. 北京农业, 3: 13-16.
王晓锋, 何卫龙, 蔡卫佳, 等. 2013. 马尾松转录组测序和分析[J]. 分子植物育种, 11(3): 385-392.
王永范, 王焕章, 杨辉, 等. 2005. 红松生长发育规律研究[J]. 吉林林业科技, 34(4): 34-40.
王振宇, 杨立彬, 魏殿文. 2008. 红松种仁中天然产物的研究进展[J]. 国土与自然资源研究, 2: 90-91.
温强, 徐林初, 江香梅, 等. 2013. 基于 454 测序的油茶 DNA 序列微卫星观察与分析[J]. 林业科学, 49(8): 43-50.
邬荣领, 王明庥, 黄敏仁, 等. 1989. 黑杨派新无性系研究[J]. 南京林业大学学报, 13(1): 10-21.
吴晓红, 刘英甜, 宫婕. 2011. 长白山和小兴安岭地区红松种子形态特征与成分比较研究[J]. 林产化学与工业, 4(31): 79-82.
夏铭, 周晓峰, 赵士洞. 2001. 天然红松群体遗传多样性的 RAPD 分析[J]. 生态学报, 21(5): 730-737.
邢世岩, 皇甫桂月. 1997. 银杏优良品种种子的营养成分分析[J]. 果树科学, 14(1): 39-41.
徐进, 王章荣, 陈亚斌, 等. 2004. 马尾松种子园无性系结实量、种实性状及遗传参数的分析[J]. 林业科学, 40(4): 201-205.
徐阳, 陈金慧, 李亚, 等. 2014. 杉木 EST-SSR 与基因组 SSR 引物开发[J]. 南京林业大学学报, 38(1): 9-14.
续九如. 1988. 重复力及其在树木育种中的利用[J]. 北京林业大学学报, 4(10): 97-102.
杨会侠, 张兵, 吴振铎, 等. 2007. 人工红松杈干现象对立木材积的影响[J]. 林业实用技术, 7: 36-38.
杨凯, 谷会岩. 2005. 红松果林从幼龄到开花阶段植株体内激素动态变化[J]. 林业科学, 41(5): 33-37.
杨利平, 庄斌, 苏正华, 等. 2008. 野牡丹属植物种子特征的初步研究[J]. 植物遗传资源学报, 9(2): 248-252.
杨秀艳, 季孔庶. 2004. 林木育种中的早期选择[J]. 世界林业研究, 17(2): 6-8.
杨秀艳, 孙晓梅, 张守攻, 等. 2011. 日本落叶松 EST-SSR 标记开发及二代优树遗传多样性分析[J]. 林业科学, 47(11): 52-58.
易官美, 黎建辉, 王冬梅, 等. 2013. 南方红豆杉 SSR 分布特征分析及分子标记的开发[J]. 园艺学报, 40(3): 571-578.
易红梅. 2006. 基于毛细管电泳荧光标记的玉米品种 SSR 高通量检测体系的建立研究[D]. 首都师范大学硕士学位论文.
于辉, 张玉林, 张同峰. 2011. 对红松开花结实规律的探讨[J]. 林业勘察设计, 3: 88-89.
于俊林, 车喜泉. 2001. 松仁的化学成分及功效[J]. 人参研究, 13(1): 25-27.
于世河. 2006. 不同产地红松种子形态特征和营养成分的研究[D]. 沈阳农业大学硕士学位论文.
羽文. 1978. 松树形态结构与发育[M]. 北京: 科学出版社.
喻方圆, 徐英宏. 1999. 银杏种子营养化学成分的研究[J]. 经济林研究, 17(1): 20.
岳华峰, 邵文豪, 井振华, 等. 2010. 苦槠种子形态性状的地理变异分析[J]. 林业科学研究, 23(3): 453-456.
曾杰, 郑海水, 甘四明. 2005. 广西西南桦天然居群的表型变异[J]. 林业科学, 2(42): 59-65.

曾祥谓. 2010. 我国多功能森林经营中的珍贵树种研究[D]. 中国林业科学研究院博士学位论文.

张恒庆, 安利佳, 祖元刚. 1999. 天然红松种群形态特征地理变异的研究[J]. 生态学报, 6(19): 932-938.

张恒庆, 安利佳, 祖元刚. 2000. 凉水国家自然保护区天然红松林遗传变异的 RAPD 分析[J]. 植物研究, 20(2): 201-206.

张恒庆, 刘德利, 金荣一, 等. 2004. 天然红松遗传多样性在时间尺度上变化的 RAPD 分析[J]. 植物研究, 24(2): 204-210.

张建国, 段爱国, 张俊佩, 等. 2007. 不同品种大果沙棘种子特性研究[J]. 林业科学研究, 19(6): 700-705.

张淑华, 王国义, 陈志成, 等. 2011. 红松优良家系选择的研究[J]. 林业科技, 36(3): 9-10.

张谦, 曾令海, 何波祥, 等. 2013. 马尾松自由授粉家系产脂力的年度变化及遗传分析[J]. 林业科学, 49(1): 48-52.

张薇, 龚佳, 季孔庶. 2008. 马尾松实生种子园遗传多样性分析[J]. 分子植物育种, 6(4): 717-723.

张新叶, 宋丛文, 张亚东, 等. 2009. 杨树 EST-SSR 标记的开发[J]. 林业科学, 45(9): 53-59.

张新叶, 张亚东, 彭婵, 等. 2013. 水杉基因组微卫星分析及标记开发[J]. 林业科学, 49(6): 160-166.

张悦, 雪梅, 姬兰柱. 2013. 从松属相关物种筛选红松微卫星标记及其种群遗传多样性分析[J]. 生态学杂志, 32(9): 2307-2313.

张振, 张含国, 张磊, 等. 2014. 铁力红松种子园无性系种子形态及营养成分变异研究[J]. 植物研究, 34(3): 356-363.

赵承开. 2002. 杉木优良无性系早期选择年龄和增益[J]. 林业科学, 38(4): 53-60.

赵红菊, 王云华. 1994. "红松果园化"高枝嫁接技术研究初报[J]. 辽宁林业科技, 6: 9-10.

周志春, 金国庆, 周世水. 1994. 马尾松自由授粉家系生长和材质的遗传分析及联合选择[J]. 林业科学研究, 7(3): 263-268.

朱雪梅, 阮霞, 胡蒋宁, 等. 2012. 松籽油脂肪酸组成及分布特征分析[J]. 食品工业科技, 33(10): 65-68.

祖元刚, 于景华, 王爱民. 2000. 红松天然种群风媒传粉特点的研究[J]. 生态学报, 20(3): 430-433.

Adams J P, Rousseau R J, Adams J C. 2007. Genetic performance and maximizing genetic gain through direct and indirect selection in cherry bark oak[J]. Silvae Genetica, 56(2): 80-87.

Aubry C A, Adams W T, Fahey T D. 1998. Determination of relative economic weights for multitrait selection in coastal Douglas-fir[J]. Can J For Res, 28(8): 1164-1170.

Baginsky C, Álvaro Peña-Neira, Cáceres A, et al. 2013. Phenolic compound composition in immature seeds of fava bean(*Vicia faba* L.)varieties cultivated in Chile[J]. Journal of Food Composition and Analysis, 31(1): 1-6.

Barthlott W. 1981. Epidermal and seed surface characters of plants: Systematic applicability and some evolutionary aspects[J]. Nordic Journal of Botany, 1(3): 345-355.

Bentzer B G. 1993. Strategies for clonal forestry with Norway spruce[M]. *In*: Ahuja M R, Libby W J. Clonal Forestry: Conservation and Application. New York: Springer-Verlag.

Bond B, Fernandez D R, Vanderjagt D J, et al. 2005. Fatty acid, amino acid and trace mineral analysis of three complementary foods from Jos, Nigeria[J]. J Food Compos Anal, 18(7): 675-690.

Botstein D, White R L, Skolnick M, et al. 1980. Construction of a genetic linkage maps in man using restriction fragment length polymorphisms[J]. The American Journal of Human Genetics, 32(3): 314-331.

Carson S D, Garcia O, Hayes J D. 1999. Realized gain and prediction of yield with genetically improved *Pinus radiata* in New Zealand[J]. Forest Science, 45(2): 186-200.

Chagné D, Chaumeil P, Ramboer A, et al. 2004. Cross-species transferability and mapping of genomic and cDNA SSRs in pines[J]. Theor Appl Genet, 109(6): 1204-1214.

Chen J, Severin U, Niclas G, et al. 2012. Sequencing of the needle transcriptome from Norway spruce (*Picea abies* Karst L.) reveals lower substitution rates, but similar selective constraints in gymnosperms and angiosperms[J]. BMC Genomics, 13: 589-604.

Christophe C, Birot Y. 1983. Genetic structures and expected genetic gains from multitrait selection in wild population of Douglas fir(Ⅱ): Practical application of index selection on several population[J]. Silvae Genetica, 32(5-6): 173-181.

Clair J, Adams W. 1991. Effect of seed weight and rate of emergence on early growth of open-pollinated Douglas fir families[J]. Forestry Science, 37(4): 987-997.

Cornelius J. 1994. Heritabilities and additive genetic coefficients of variation in forest trees[J]. Canadian Journal of Forest Research, 24(2): 372-379.

Dawn E H, Macaire M S Y, Sharon J, et al. 2013. Transcriptome resources and functional characterization of monoterpene synthases for two host species of the mountain pine beetle, lodgepole pine (*Pinus contorta*) and jack pine (*Pinus banksiana*)[J]. BMC Plant Biology, 13: 80-94.

Deineka V I, Deineka L A. 2003. Triglyceride composition of *Pinus sibirica* oil[J]. Chemistry of Natural Compounds, 39(2): 171-173.

Dreisigacker S, Zhang P, Warburton M L. 2004. SSR and pedigree analyses of genetic diversity among CIMMYT wheat lines targeted to different mega environments[J]. Crop Science, 44(2): 381-388.

Eujayl I, Sorrells M, Banm M. 2002. Isolation of EST-derived microsatellite markers for genotyping the A and B genomes of wheat[J]. Theor Appl Genet, 104(2): 399-407.

Fernandes D C, Freitas J B, Czeder L P, et al. 2010. Nutritional composition and protein value of the baru(*Dipteryx alata* Vog.)almond from the Brazilian Savanna[J]. Journal of the Science of Food and Agriculture, 15: 1650-1655.

Greipsson S, Davy A J. 1995. Seed mass and germination behavior in populations of the dune-building grass *Leymus arenarius*[J]. Annual of Botany, 76(5): 493-501.

Guo S, Zheng Y, Joung J G, et al. 2010. Transcriptome sequencing and comparative analysis of cucumber flowers with different sex types[J]. BMC Genomic, 11(1): 384.

Hazel L N, Lush J L. 1942. The efficiencies of three methods of selection[J]. J Hered, 33: 393-399.

Hu F B, Stampfer M J. 1999. Nut consumption and risk of coronary heart disease: A review of epidemiologic evidence[J]. Current Atherosclerosis Reports, 1(3): 204-209.

Imbs A B, Nevshupova N V, Pham L Q. 1998. Triacylglycerol composition of *Pinus koraiensis* seed oil[J]. Journal of American Oil Chemists Society, 75: 865-870.

Ivebgen R J, Loee W J. 1985. The efficiency of early and indirect selection in three sycamore genetic traits[J]. Silvae Genetica, 34(2-3): 72-75.

Jiang W X, Zhang W J, Ding Y L. 2013. Development of polymorphic microsatellite markers for *Phyllostachys edulis*(Poaceae), an important bamboo species in China[J]. APPS, 1(7): 1200012.

Kalia R, Rai M, Kalia S, et al. 2011. Microsatellite markers: An overview of the recent progress in plants[J]. Euphytica, 177(3): 309-334.

Kang K S, Lindgren D. 1999. Fertility variation among clones of Korean pine(*Pinus koraiensis* S. et Z.) and its implications on seed orchard management[J]. Forest Genetics, 6(3): 191-200.

Kazem A, Ali V. 2008. Morphological variation among Persian walnut(*Juglans regia*) genotypes from central Iran[J]. New Zealand Journal of Crop and Horticultural Science, 36: 159-168.

Kennedy B W, Sorensen D A. 1988. Properties of mixed-model methods for prediction of genetic merit[M]. *In*: Weir B S, Eisen E J, Goodman M M, et al. Proceedings of the 2nd International Conference on Quantitative Genetics. Sunderland: Sinauer Associates Inc.

Kumar S, Lee J. 2002. Age-age correlations and early selection for end of-rotation wood density in radiata pine[J]. Forest Genetics, 9 (4): 323-330.

Lee S B, Song J H, Han S S. 1997. Characteristics of biomass allocation and cone production in the crown controlled and the uncontrolled trees in the grafted seed orchard of the Korean pine[J]. Research Report of the Forest Genetics Research Institute(Suwon), 33: 54-63.

Li C, Zhu Y, Guo X, et al. 2013. Transcriptome analysis reveals ginsenosides biosynthetic genes, microRNAs and simple sequence repeats in *Panax ginseng* C. A. Meyer[J]. BMC Genomics, 14: 245-256.

Liu K J, Muse S V. 2005, PowerMarker: An integrated analysis environment for genetic marker data[J]. Bioinformatics, 21(9): 2121-2129.

Magnussen S, Yeatman C W. 1990. Predictions of genetic gain from various selection methods in open pollinated *Pinus banksiana* progeny trials[J]. Silvae Genetica, 39(3-4): 140-153.

Magnussen S. 1993. Growth-differentiation in white spruce crop tree progenies[J]. Silvae Genetica, 42(4-5): 258-266.

Matthews H F, Bramlett R D. 1986. Pollen quantity and viability affect seed yields from controlled pollinations pine[J]. Southern Journal of Applied Forestry, 10: 78-80.

Matziris D. 1998. Genetic variation in cone and seed characteristics in a clonal seed orchard of Aleppo pine grow in Greece[J]. Silvae Genetica, 47(1): 37-41.

McKeand S E, Svensson J. 1997. Sustainable management of genetic resources[J]. Journal of Forestry, 95: 4-9.

Milee A, Neeta S, Harish P. 2008. Advances in molecular marker techniques and their applications in plant sciences[J]. Plant Cell Rep, 27(4): 617-631.

Muranty H, Jorge V, Bastien C, et al. 2014. Potential for marker-assisted selection for forest tree breeding: Lessons from 20 years of MAS in crops[J]. Tree Genetics & Genomes, 10: 1491-1510.

Nasri N, Khaldi A, Fady B, et al. 2005. Fatty acids from seeds of *Pinus pinea* L.: Composition and population profiling[J]. Phytochemistry, 66(14): 1729-1735.

Nergiz C, Donmez I. 2004. Chemical composition and nutritive value of *Pinus pinea* L. seeds[J]. Food Chemistry, 86(3): 365-368.

Nei M. 1973. Analysis of gene diversity in subdivided populations[J]. Proceedings of the National Academy of Sciences of the United States of America, 70(12): 3321-3323.

Nicolai M, Pisani C, Bouchet J P. 2012. Discovery of a large set of SNP and SSR genetic markers by high-throughput sequencing of pepper(*Capsicum annuum*)[J]. Genetics and Molecular Research, 11(3): 2295-2300.

Niu S H, Li Z X, Yuan H W, et al. 2013. Transcriptome characterisation of *Pinus tabuliformis* and evolution of genes in the *Pinus phylogeny*[J]. BMC Genomics, 14: 263-275.

Pavy N, Laroche J, Bousque J, et al. 2005. Large-scale statistical analysis of secondary xylem ESTs in pine[J]. Plant Molecular Biology, 57: 203-224.

Pigliucci M, Murren C J, Schlichting C D. 2006. Phenotypic plasticity and evolution by genetic assimilation[J]. Journal of Experimental Biology, 209(12): 2362-2367.

Rehfeldt G E. 1985. Genetic variances and covariances in *Pinus contorta*: Estimates of genetic gains from index selection[J]. Silvae Genetica, 34: 26-33.

Rong H H. 1984. Seed-cone receptivity and seed production potential in white spruce[J]. Forestry Ecology and Management, 9(3): 161-171.

Seeram N P, Kshirsagar H H, Heber D, et al. 2008. Fatty acid composition of California grown almonds[J]. Journal of Food Science, 73: 607-604.

Smde S, Hodge G R, White T L. 1992. Indirect prediction of breeding values for fusiform rust resistance of slash pine parents using greenhouse tests[J]. Forest Sci, 38(1): 45-60.

Smith H F. 1936. A discriminant function for plant selection[J]. Annr Eugen, 7: 240-250.

Su X Y, Wang Z Y, Liu J R. 2009. *In vitro* and *in vivo* antioxidant activity of *Pinus koraiensis* seed extract containing phenolic compounds[J]. Food Chemistry, 117: 681-686.

Sugano M, Ikeda I, Wakamatsu K, et al. 1994. Influence of Korean pine(*Pinus koraiensis*)-seed oil containing *cis*-5, *cis*-9, *cis*-12-octadecatrienoic acid on polyunsaturated fatty acid metabolism eicosanoid production and blood pressure of rats[J]. Journal of British Nutrition, 72(5): 775-783.

Tsan L C, Lawrence R H. 1972. Seed coat morphology in *Cordylanthus*(Scrophulariaceae) and its taxonomic significance[J]. American Journal of Botany, 59(3): 258-265.

Todhunter M N, Polk R B. 1981. Seed and cone productive in a clonal orchard of jack pine(*Pinus banksiana*)[J]. Can J For Res, 11: 512-516.

Varshoey R K, Thiel T, Stein N, et al. 2002. In silico analysis on frequency and distribution of microsatellites in ESTs of some cereal species[J]. Cell Mol Biol Lett, 7(2A): 537-546.

Venkatachalam M, Sathe S K. 2006. Chemical composition of selected edible nut seeds[J]. J Agric Food Chem, 54(13): 4705-4714.

Wayne T, Hodge G. 1998. Genetic parameters and breeding value predictions for *Eucalyptus nitens* wood fiber production traits[J]. Forest Sci, 44(4): 587-598.

Weng Y H, Tosh K, Park Y S, et al. 2007. Application of nursery testing in long-term white spruce improvement programs[J]. Northern Journal of Applied Forestry, 24(4): 296-300.

White T L. 1987. A conceptual framework for tree improvement programs. New Forests, 4: 325-342.

Wolff R L, Deluc L G, Marpeau A M, et al. 1997. Chemotaxonomic differentiation of conifer families and genera based on the seed oil fatty acid compositions: Multivariate analyses[J]. Trees, 12: 57-65.

Wolff R L, Pédronoa F, Pasquier E, et al. 2000. General characteristics of *Pinus* spp. seed fatty acid compositions and importance of Δ5-olefinic acids in the taxonomy and phylogeny of the genus[J]. Lipids, 35: 1-22.

Wu H X, Powell M B, Yang J L. 2007. Efficiency of early selection for rotation-aged wood quality traits in radiate pine[J]. Annals of Forest Science, 64(1): 1-9.

Xie C Y, Carlson M R, Murphy J C. 2007. Predicting individual breeding values and making forward selections from open-pollinated progeny test trials for seed orchard establishment of interior Lodgepole pine(*Pinus contorta* ssp. *latifolia*) in British Columbia[J]. New Forests, 33(2): 125-138.

Yang J, Liu R H, Halim L. 2009. Antioxidant and antiproliferative activities of common edible nut seeds[J]. LWT -Food Science and Technology, 42(1): 1-8.

Yeh, F C, Boyle T. 1999. POPGENE: Microsoft window-based freeware for population genetic analysis, version 1.31. Edmonton, Canada: University of Alberta.

Yi J S, Song J H, Bae C H. 1999. Crown shape control of *Pinus koraiensis* S. et Z.(Ⅳ). Growth characteristics of crown top shoots in clonal seed orchard and 21-year-old plantation[J]. Journal of Research Forest of Kangwon National University, 19: 6-15.

Yi J S, Song J H, Song J M. 2000. Crown shape control of *Pinus koraiensis* S. et Z.(Ⅴ)-cone production and seed characteristics of stem-pruned trees(the first report)[J]. Journal of Research Forest of Kangwon National University, (20): 113-120.

Ying C C, Morgenstern E K. 1979. Correlations of height growth and heritabilities at different ages in white spruce[J]. Silvae Genetica, 28(5-6): 180-185.

Yoon T H, Im K J, Koh E T. 1989. Fatty acid compositions of *Pinus koraiensis* seed[J]. Nutrition Research, 9: 357-361.

Yoon T H, Im K J, Koh E T, et al. 1989. Fatty acid compositions of *Pinus koraiensis* seed[J]. Nutrition Research, (9): 357-361.

Zobel B J. 1993. Clonal forestry in the eucalyptus[M]. *In*: Ahuja M R, Libby W J. Clonal Forestry: Conservation and Application. New York: Springer-Verlag.

Zsuffa L, Sennerby-Forsse L, Weisgerber H, et al. 1993. Strategies for clonal forestry with poplars, aspens, and willows[M]. *In*: Ahuja M R, Libby W J. Clonal Forestry: Conservation and Application. New York: Springer-Verlag.

附　　表

附表 1　鹤岗种子园 15 个无性系种实性状平均值与变异系数

无性系号	出仁率/%	千粒重/g	种仁重/（g/粒）	种皮重/（g/粒）	种仁重/种皮重	种长/mm	种宽/mm	长宽比	灰分含量/%	脂肪含量/%	蛋白质含量/%	多糖含量/%	粗纤维含量/%	含水率/%	碳水化合物/含量%
HG1	33.827 （2.40）	527.29 （2.52）	0.178 4 （4.21）	0.348 9 （2.24）	0.511 35 （3.62）	13.637 （7.75）	8.745 （13.47）	1.584 4 （14.57）	5.06 （24.7）	54.46 （0.19）	6.59 （5.22）	9.77 （2.97）	6.75 （0.48）	5.51 （15.97）	11.66 （19.09）
HG10	36.237 （0.85）	545.7 （7.09）	0.197 7 （6.67）	0.348 0 （7.26）	0.568 34 （1.34）	14.165 （5.21）	8.894 （12.25）	1.613 6 （12.17）	5.70 （23.29）	53.40 （0.34）	5.74 （3.26）	10.12 （2.12）	5.30 （2.79）	5.29 （10.11）	14.43 （15.43）
HG12	34.983 （1.43）	597.88 （1.64）	0.209 2 （2.66）	0.388 7 （1.21）	0.538 13 （2.21）)	14.558 （7.48）	8.717 （10.86）	1.686 4 （12.06）	6.01 （6.34）	56.13 （3.22）	7.17 （1.00）	11.58 （0.41）	3.29 （7.37）	3.26 （4.32）	12.55 （10.05）
HG14	35.158 （3.64）	655.2 （3.35）	0.230 2 （1.65）	0.425 1 （5.19）	0.542 7 （5.61）	14.655 （8.27）	8.799 （13.98）	1.691 8 （14.12）	6.08 （17.28）	58.96 （0.16）	6.32 （2.72）	10.31 （3.59）	5.84 （2.49）	4.76 （3.57）	13.04 （8.68）
HG17	32.305 （4.79）	506.9 （9.13）	0.163 8 （10.86）	0.343 1 （9.15）	0.477 8 （7.06）	13.733 （8.14）	8.622 （12.65）	1.608 6 （10.77）	6.96 （16.01）	54.81 （0.15）	7.05 （2.44）	11.06 （1.29）	5.84 （2.74）	3.11 （1.85）	11.16 （10.72）
HG2	33.367 （3.62）	613.4 （4.82）	0.204 9 （8.25）	0.408 5 （3.33）	0.501 1 （5.45）	14.26 （6.96）	8.854 （12.71）	1.635 1 （14.34）	6.45 （24.64）	44.46 （0.28）	6.09 （2.31）	9.66 （3.29）	3.83 （1.23）	3.77 （22.76）	25.74 （2.96）
HG21	33.9 （6.79）	578 （8.04）	0.196 5 （13.61）	0.381 5 （6.16）	0.514 1 （10.05）	14.684 （9.86）	8.566 （12.91）	1.731 7 （11.87）	1.94 （15.02）	70.59 （2.54）	9.17 （1.19）	11.67 （6.99）	1.15 （5.76）	3.25 （4.62）	2.57 （31.70）

续表

无性系号	出仁率/%	千粒重/g	种仁重/（g/粒）	种皮重/（g/粒）	种仁重/种皮重	种长/mm	种宽/mm	长宽比	灰分含量/%	脂肪含量/%	蛋白质含量/%	多糖含量/%	粗纤维含量/%	含水率/%	碳水化合物含量/%
HG23	37.99	478.2	0.180 3	0.297 9	0.614 2	14.646	9.618	1.538 8	5.29	48.83	4.03	13.42	6.38	3.41	18.65
	（5.84）	（19.19）	（13.27）	（2.99）	（9.21）	（7.10）	（13.63）	（13.16）	（19.16）	（0.20）	（5.43）	（1.25）	（4.80）	（3.91）	（4.91）
HG39	34.676	569.6	0.197 6	0.368 9	0.531 2	14.885	8.907	1.691 0	6.38	51.64	6.61	8.65	6.22	3.46	16.37
	（3.32）	（4.45）	（6.17）	（3.45）	（5.03）	（6.71）	（10.708）	（12.93）	（23.33）	（0.16）	（2.13）	（2.30）	（0.81）	（2.40）	（0.64）
HG41	36.48	532.8	0.194 1	0.340 7	0.577 1	14.086	8.618	1.657 2	5.08	53.07	5.33	11.68	6.44	2.99	15.40
	（8.26）	（5.17）	（6.99）	（4.23）	（13.41）	（7.31）	（13.63）	（12.42）	（18.14）	（0.13）	（1.76）	（5.89）	（4.66）	（5.70）	（4.90）
HG43	34.557	550.9	0.190 2	0.361 2	0.528 8	14.408	8.861	1.644 8	6.38	56.44	6.74	12.99	5.15	4.89	7.41
	（4.72）	（4.59）	（4.50）	（5.67）	（7.14）	（7.31）	（11.03）	（13.18）	（11.44）	（0.20）	（2.78）	（1.53）	（1.26）	（7.64）	（2.97）
HG44	33.309	561.8	0.187 2	0.374 5	0.499 48	13.506	8.52	1.603 0	6.02	54.46	4.80	13.84	4.86	4.30	11.72
	（1.15）	（4.65）	（5.64）	（4.19）	（1.73）	（9.24）	（12.65）	（12.40）	（15.83）	（0.14）	（4.55）	（3.11）	（1.39）	（7.69）	（12.63）
HG49	34.3	487.29	0.167 0	0.320 3	0.523 2	13.567	8.647	1.584 2	5.80	58.99	9.17	12.84	4.39	3.26	4.48
	（6.30）	（3.69）	（5.20）	（6.29）	（9.30）	（9.24）	（11.42）	（12.12）	（35.22）	（2.12）	（0.59）	（4.34）	（0.56）	（3.78）	（18.24）
HG6	34.326	569.2	0.195 1	0.374 1	0.523 6	14.396	9.216	1.576 2	5.39	59.55	12.78	8.69	4.86	3.71	5.02
	（5.36）	（7.38）	（7.23）	（9.01）	（8.02）	（7.82）	（10.62）	（11.54）	（9.54）	（0.02）	（0.61）	（4.44）	（1.39）	（7.04）	（21.68）
HG8	34.139	566.2	0.193 2	0.373 0	0.519 3	14.593	8.998	1.637 8	6.30	58.75	12.57	9.19	4.75	5.29	3.06
	（5.41）	（5.76）	（6.85）	（6.97）	（8.21）	（7.65）	（10.46）	（12.51）	（6.35）	（0.46）	（0.32）	（2.40）	（6.04）	（9.09）	（33.15）

注：括号内数据为标准差。下同

附表 2　林口种子园 15 个无性系种实性状平均值与变异系数

无性系号	出仁率/%	千粒重/g	种仁重/（g/粒）	种皮重/（g/粒）	种仁重/种皮重	种长/mm	种宽/mm	长宽比	灰分含量/%	脂肪含量/%	蛋白质含量/%	多糖含量/%	粗纤维含量/%	含水率/%	碳水化合物含量/%
LK11	36.053 （3.13）	600.61 （2.80）	0.216 6 （5.16）	0.384 0 （2.42）	0.564 2 （4.86）	14.967 （6.86）	8.879 （10.29）	1.701 8 （11.90）	3.50 （18.53）	61.97 （1.13）	12.69 （0.39）	11.35 （1.52）	3.16 （6.56）	4.36 （7.47）	2.98 （50.06）
LK13	27.14 （9.74）	441.7 （5.37）	0.120 3 （14.61）	0.321 4 （2.49）	0.373 8 （13.23）	12.944 （6.85）	8.317 （11.61）	1.572 5 （11.21）	2.72 （19.98）	62.10 （3.06）	9.45 （0.99）	12.19 （2.16）	2.94 （1.69）	7.72 （8.60）	2.89 （63.75）
LK15	32.45 （8.66）	600.2 （12.98）	0.195 7 （11.06）	0.404 5 （11.07）	0.482 3 （12.39）	14.175 （6.43）	8.767 （10.26）	1.631 5 （11.24）	2.47 （27.40）	64.43 （0.36）	8.77 （6.78）	11.63 （4.73）	4.75 （6.04）	4.57 （8.78）	3.38 （55.49）
LK16	32.071 （3.42）	542.7 （6.78）	0.173 9 （5.94）	0.368 8 （7.66）	0.472 4 （5.02）	14.078 （8.61）	8.888 （11.66）	1.606 0 （15.26）	4.70 （26.69）	62.97 （0.25）	9.80 （4.29）	9.60 （11.42）	4.75 （6.04）	5.35 （13.23）	2.84 （44.83）
LK18	34.999 （5.66）	600.4 （5.51）	0.210 6 （11.14）	0.389 8 （2.79）	0.539 5 （8.78）	15.092 （4.33）	9.067 （9.15）	1.676 2 （8.95）	2.67 （23.66）	62.57 （0.30）	8.80 （3.91）	9.71 （7.13）	1.71 （5.70）	6.34 （13.60）	8.18 （40.17）
LK19	33.928 （1.19）	607.6 （5.46）	0.206 2 （6.13）	0.401 4 （5.18）	0.513 54 （1.80）	16.004 （7.07）	9.71 （8.91）	1.663 4 （12.92）	3.67 （31.55）	60.43 （0.80）	8.15 （3.61）	10.77 （6.04）	4.92 （1.17）	4.10 （4.11）	8.00 （32.65）
LK20	34.69 （6.10）	625.9 （3.51）	0.216 8 （3.71）	0.409 1 （6.61）	0.532 2 （9.04）	14.729 （3.69）	10.064 （7.67）	1.473 0 （9.57）	2.01 （9.06）	66.30 （1.44）	10.85 （5.85）	10.71 （10.75）	2.87 （4.92）	4.51 （11.79）	2.76 （58.96）
LK24	31.687 （3.64）	551.11 （1.66）	0.174 7 （4.43）	0.386 5 （1.95）	0.464 2 （5.25）	14.417 （4.66）	9.37 （10.39）	1.555 1 （11.52）	1.94 （24.09）	61.67 （1.00）	9.13 （2.35）	9.11 （0.72）	1.61 （3.06）	4.74 （13.75）	11.81 （10.67）
LK26	35.158 （1.31）	464.67 （2.53）	0.163 3 （2.00）	0.301 3 （3.01）	0.542 26 （2.03）	13.609 （6.27）	8.552 （10.92）	1.610 8 （13.45）	0.0647 （36.04）	61.90 （0.28）	11.46 （3.75）	10.70 （10.43）	4.66 （2.04）	2.85 （16.85）	5.95 （30.01）
LK27	27 （2.32）	606.7 （7.54）	0.163 8 （7.29）	0.443 0 （7.79）	0.369 94 （3.20）	15.408 （4.63）	10.012 （8.32）	1.548 0 （8.40）	2.59 （6.83）	67.37 （8.35）	10.06 （1.96）	12.06 （10.07）	3.11 （1.58）	3.46 （14.80）	1.325 （57.07）
LK3	31.79 （6.56）	492.8 （4.19）	0.157 0 （10.65）	0.335 9 （1.35）	0.467 （9.56）	13.912 （5.64）	8.976 （11.52）	1.565 6 （10.27）	2.97 （41.05）	64.15 （0.58）	8.72 （0.26）	16.56 （0.62）	2.15 （5.69）	3.68 （10.80）	1.77 （22.23）
LK32	31.017 （4.34）	542.83 （1.47）	0.168 3 （3.83）	0.374 5 （2.97）	0.45 （6.40）	14.453 （4.82）	9.131 （9.21）	1.594 2 （9.32）	7.07 （21.87）	61.80 （4.24）	5.30 （0.73）	5.04 （3.66）	3.20 （3.34）	4.90 （3.75）	12.70 （12.50）
LK6	32.583 （2.39）	517.3 （4.68）	0.168 5 （4.61）	0.348 8 （5.11）	0.483 46 （3.53）	13.568 （5.24）	8.753 （10.03）	1.566 5 （12.31）	2.01 （17.18）	66.80 （1.20）	9.99 （3.88）	8.69 （1.14）	5.29 （1.35）	4.16 （2.21）	3.06 （41.84）
LK36	33.817 （2.32）	474.38 （2.17）	0.160 4 （3.29）	0.314 0 （2.37）	0.511 12 （3.50）	13.116 （7.05）	8.441 （11.75）	1.567 6 （10.00）	3.91 （20.50）	64.50 （1.45）	10.32 （3.85）	11.49 （6.06）	3.61 （4.25）	3.68 （15.51）	2.49 （65.39）
LK8	35.228 （2.85）	526.7 （4.24）	0.185 7 （6.23）	0.341 1 （3.65）	0.544 2 （4.40）	13.945 （5.16）	8.413 （9.74）	1.671 3 （10.05）	3.58 （18.47）	62.59 （0.66）	10.53 （0.30）	11.76 （5.99）	2.54 （5.68）	6.82 （12.22）	2.18 （36.52）

附表 3　铁力种子园 15 个无性系种实性状平均值与变异系数

无性系号	出仁率/%	千粒重/g	种仁重/（g/粒）	种皮重/（g/粒）	种仁重/种皮重	种长/mm	种宽/mm	长宽比	灰分含量/%	脂肪含量/%	蛋白质含量/%	多糖含量/%	粗纤维含量/%	含水率/%	碳水化合物含量/%
TL1024	36.8 （10.18）	415.6 （10.72）	0.1541 （19.99）	0.2616 （5.91）	0.5863 （15.48）	12.86 （6.78）	8.248 （11.43）	1.7666 （11.04）	1.49 （19.38）	62.65 （3.34）	11.28 （2.92）	11.67 （12.28）	4.94 （2.03）	3.63 （17.55）	4.34 （31.0）
TL1048	36.437 （2.25）	386.6 （4.28）	0.1409 （5.63）	0.2457 （3.90）	0.5734 （3.54）	14.169 （4.81）	8.086 （10.12）	1.5811 （14.46）	5.66 （20.93）	55.75 （0.14）	10.374 （3.73）	12.94 （5.16）	6.34 （2.14）	3.60 （10.93）	5.34 （20.74）
TL1061	33.99 （8.67）	534.1 （8.61）	0.1825 （16.66）	0.3516 （4.57）	0.5171 （12.78）	14.678 （3.41）	9.017 （10.51）	1.7698 （11.21）	7.17 （47.05）	53.57 （0.36）	11.23 （1.47）	10.2.87 （7.51）	5.78 （0.87）	3.41 （3.19）	8.56 （5.06）
TL1102	32.765 （5.66）	369.5 （1.10）	0.1211 （6.51）	0.2484 （2.16）	0.4882 （8.51）	12.616 （4.59）	7.46 （9.91）	1.6459 （11.63）	5.11 （52.55）	52.77 （1.67）	9.60 （3.12）	10.43 （4.44）	4.40 （0.56）	3.02 （16.79）	14.67 （8.41）
TL1104	33.58 （9.01）	534.6 （9.65）	0.1803 （17.41）	0.3542 （7.11）	0.5079 （13.78）	14.918 （3.918）	9.269 （11.33）	1.7096 （12.23）	4.75 （29.13）	53.63 （0.22）	4.62 （4.73）	7.89 （3.54）	6.85 （0.62）	3.47 （2.97）	18.77 （6.21）
TL1112	36.992 （3.79）	485.9 （5.30）	0.1797 （6.07）	0.3062 （5.97）	0.5877 （6.06）	13.903 （7.95）	8.615 （10.44）	1.6293 （11.81）	4.72 （20.19）	55.95 （1.29）	10.02 （0.41）	10.08 （1.52）	5.29 （3.10）	3.14 （1.07）	10.81 （9.74）
TL1131	35.972 （1.15）	579.7 （5.20）	0.2066 （5.40）	0.3712 （5.19）	0.5619 （1.79）	15.37 （6.00）	9.368 （10.82）	1.6236 （9.01）	4.25 （19.81）	57.05 （1.16）	8.57 （1.49）	13.82 （4.38）	4.21 （2.61）	4.02 （5.63）	8.08 （17.90）
TL1185	35.489 （2.99）	435.76 （13.85）	0.1547 （6.28）	0.2810 （3.35）	0.5504 （4.58）	12.962 （3.54）	8.227 （10.77）	1.6590 （12.39）	5.69 （23.77）	58.35 （6.02）	6.29 （1.80）	9.98 （5.76）	3.20 （1.43）	3.17 （5.11）	13.32 （22.76）
TL1194	30.93 （7.91）	594.4 （4.06）	0.1848 （20.30）	0.4095 （11.67）	0.4491 （11.52）	15.774 （5.57）	9.005 （9.32）	1.5925 （10.97）	6.21 （27.52）	58.96 （3.90）	8.10 （6.18）	14.91 （1.76）	6.16 （1.79）	2.90 （7.79）	2.75 （32.77）
TL1209	35.66 （11.87）	384.2 （8.73）	0.1379 （19.95）	0.2462 （4.13）	0.5593 （17.99）	13.934 （5.18）	8.82 （10.83）	1.5982 （12.49）	2.63 （27.51）	59.11 （1.12）	10.91 （1.51）	12.47 （3.45）	4.07 （15.56）	3.33 （6.67）	7.49 （23.79）
TL1271	32.66 （10.29）	582.6 （4.75）	0.1907 （13.09）	0.3919 （4.80）	0.4879 （15.38）	14.482 （4.48）	9.171 （12.67）	1.6045 （13.88）	4.64 （51.90）	50.85 （2.37）	7.83 （5.46）	10.73 （4.68）	4.68 （7.66）	3.65 （18.30）	17.62 （9.10）
TL1357	38.42 （6.07）	461.9 （9.37）	0.1780 （14.74）	0.2839 （6.81）	0.6256 （9.89）	13.945 （3.60）	9.011 （9.17）	1.5596 （9.66）	5.02 （32.35）	61.32 （1.06）	6.78 （0.61）	14.5.17 （7.75）	4.36 （1.25）	3.04 （27.43）	4.96 （16.90）
TL1381	38.118 （4.34）	543.79 （3.20）	0.2075 （7.26）	0.3363 （1.73）	0.6168 （7.01）	14.615 （4.17）	9.589 （8.93）	1.5372 （10.79）	3.10 （38.41）	52.22 （0.25）	6.47 （3.62）	10.14 （0.72）	2.86 （4.97）	3.61 （5.62）	21.59 （3.59）
TL3083	21.95 （8.51）	465.68 （3.45）	0.1021 （6.71）	0.3636 （5.44）	0.2818 （10.86）	14.915 （5.33）	8.834 （11.77）	1.7125 （13.63）	4.43 （33.90）	61.65 （1.59）	9.86 （3.45）	14.61 （0.50）	3.29 （3.11）	4.12 （17.17）	2.03 （27.99）
TL3101	35.203 （3.62）	397.02 （4.51）	0.1397 （3.64）	0.2574 （5.93）	0.5437 （5.64）	12.721 （5.18）	7.622 （11.57）	1.6942 （14.26）	3.01 （43.75）	54.36 （5.26）	9.59 （12.18）	12.98 （2.09）	6.66 （1.22）	2.99 （3.49）	10.20 （13.36）

附表 4　苇河种子园 15 个无性系种实性状平均值与变异系数

无性系号	出仁率/%	千粒重/g	种仁重/（g/粒）	种皮重/（g/粒）	种仁重/种皮重	种长/mm	种宽/mm	长宽比	灰分含量/%	脂肪含量/%	蛋白质含量/%	多糖含量/%	粗纤维含量/%	含水率/%	碳水化合物含量/%
WH008	36.46 （7.25）	500.9 （4.97）	0.1827 （9.49）	0.3182 （6.06）	0.576 （11.83）	14.016 （6.93）	8.388 （11.12）	1.6892 （11.96）	4.59 （4.44）	44.91 （1.97）	4.41 （2.12）	10.24 （1.88）	5.42 （6.22）	7.87 （10.32）	22.57 （11.86）
WH019	33.92 （6.01）	497 （6.81）	0.1688 （10.70）	0.3283 （6.43）	0.5143 （9.04）	16.042 （7.27）	10.97 （9.52）	1.4738 （10.81）	7.53 （11.68）	52.87 （10.83）	6.51 （0.89）	15.08 （0.80）	4.18 （5.99）	4.20 （13.96）	9.62 （42.88）
WH028	38.842 （3.90）	542.1 （11.24）	0.2171 （3.70）	0.3250 （16.70）	0.6358 （6.30）	13.77 （5.33）	8.918 （9.58）	1.5601 （12.41）	7.25 （5.80）	54.76 （1.62）	4.66 （0.49）	10.25 （1.23）	4.94 （2.03）	3.94 （19.66）	14.21 （12.99）
WH042	36.24 （5.73）	457.26 （3.68）	0.1657 （6.86）	0.2915 （5.02）	0.5697 （8.97）	14.066 （6.12）	8.116 （8.42）	1.7407 （7.52）	5.86 （10.99）	43.19 （1.17）	6.27 （1.79）	9.46 （1.05）	5.45 （5.61）	6.30 （9.60）	23.46 （5.15）
WH056	35.177 （4.89）	512.93 （3.20）	0.1804 （4.67）	0.3326 （4.65）	0.5435 （7.49）	13.873 （6.72）	9.039 （12.24）	1.5513 （11.09）	7.52 （3.18）	47.65 （0.15）	3.72 （5.61）	19.89 （0.48）	5.28 （6.63）	3.85 （26.51）	12.09 （15.40）
WH057	39.79 （23.28）	479.4 （11.55）	0.1945 （16.35）	0.2849 （5.46）	0.696 （43.58）	14.447 （6.23）	9.055 （11.20）	1.6133 （11.96）	6.16 （5.15）	52.98 （2.18）	6.24 （1.80）	14.81 （0.81）	5.30 （5.23）	3.98 （15.84）	10.52 （11.82）
WH063	38.79 （5.99）	464.6 （18.51）	0.1789 （14.49）	0.2858 （12.23）	0.6355 （10.06）	14.199 （7.49）	8.281 （13.40）	1.7450 （15.30）	7.42 （6.72）	52.40 （6.39）	4.18 （1.49）	13.02 （0.73）	6.57 （14.26）	4.75 （14.98）	11.66 （13.54）
WH065	36.968 （2.95）	425.8 （7.67）	0.1574 （7.44）	0.2685 （8.30）	0.5869 （4.73）	13.546 （7.96）	8.469 （9.53）	1.6110 （11.32）	3.76 （3.13）	56.36 （5.35）	7.63 （2.56）	16.30 （1.95）	4.06 （19.62）	2.56 （11.32）	4.57 （31.09）
WH066	37.52 （6.08）	561 （4.02）	0.2105 （7.75）	0.3505 （5.17）	0.602 （9.69）	13.778 （6.97）	8.691 （11.43）	1.6013 （11.20）	4.10 （8.96）	61.11 （1.29）	6.25 （3.77）	10.93 （3.30）	7.26 （8.02）	5.81 （23.80）	9.28 （18.79）
WH067	34.15 （6.79）	643.2 （4.37）	0.2200 （10.03）	0.4232 （3.55）	0.5201 （10.46）	15.692 （6.16）	9.498 （9.76）	1.6695 （12.71）	8.29 （13.06）	55.11 （3.27）	6.18 （10.65）	16.69 （0.76）	6.42 （2.52）	3.29 （11.10）	4.02 （39.81）
WH071	43.13 （15.15）	545.8 （6.41）	0.2365 （20.46）	0.3092 （9.17）	0.778 （29.66）	14.042 （5.79）	8.212 （11.46）	1.7286 （11.45）	8.01 （8.63）	58.09 （1.63）	6.01 （0.38）	12.37 （0.97）	5.60 （1.36）	4.63 （12.55）	15.30 （8.16）
WH110	35.11 （5.04）	617.6 （3.60）	0.2170 （7.65）	0.4006 （3.16）	0.5419 （7.71）	14.803 （6.09）	9.21 （11.59）	1.6260 （12.11）	6.56 （10.58）	52.32 （10.44）	8.82 （0.31）	8.55 （1.40）	5.66 （8.92）	5.36 （11.43）	12.73 （28.23）
WH117	31.99 （8.81）	604.39 （1.14）	0.1935 （9.64）	0.4109 （3.48）	0.4724 （13.23）	14.536 （10.44）	8.689 （12.58）	1.6889 （12.49）	8.13 （4.52）	55.81 （1.42）	9.05 （0.86）	17.60 （0.27	5.40 （5.10）	1.79 （20.07）	2.24 （43.09）
WH152	37.3 （8.92）	449.6 （8.74）	0.1676 （11.51）	0.2820 （11.02）	0.5985 （14.74）	12.928 （7.48）	8.331 （11.63）	1.5667 （10.80）	5.01 （7.70）	46.66 （4.35）	4.40 （1.05）	7.5.16 （0.97）	7.26 （2.21）	5.49 （8.54）	23.66 （7.85）
WH162	39.808 （4.97）	487 （20.50）	0.1928 （18.09）	0.2943 （12.45）	0.6627 （8.21）	14.728 （4.45）	8.504 （9.71）	1.7450 （9.12）	6.35 （8.53）	52.38 （0.20）	9.77 （2.21）	17.08 （1.28）	5.79 （2.94）	6.98 （3.03）	1.65 （18.94）

附表 5　鹤岗种子园 15 个无性系脂肪酸成分的平均值与变异系数

无性系号	C14:0	C16:0	C17:0	C18:0	C20:0	∑SFA	C16:1	C18:1	C20:1	∑MUFA	C18:2	C18:3	C20:2	∑PUFA	∑USFA
HG1	0.06	7.15	0.06	4.42	0.69	12.38	0.09	25.31	1.83	27.23	41.23	15	0.29	56.52	83.75
	（0.32）	（0.28）	（0.12）	（0.39）	（3.80）	（0.51）	（1.24）	（0.29）	（1.92）	（0.15）	（0.13）	（0.20）	（5.33）	（0.47）	（0.36）
HG10	0.05	7.06	0.07	3.76	0.64	11.58	0.12	23.23	2.04	25.39	41.26	15.97	1.01	58.24	83.63
	（0.12）	（0.22）	（0.15）	（1.33）	（4.72）	（0.82）	（4.95）	（0.26）	（1.03）	（0.30）	（0.08）	（0.04）	（2.48）	（0.04）	（0.11）
HG12	0.05	7.13	0.07	3.68	0.62	11.55	0.12	24.7	2.01	26.83	41.26	16.37	0.96	58.59	85.42
	（0.56）	（0.16）	（1.09）	（1.29）	（0.94）	（0.58）	（1.98）	（0.47）	（0.50）	（0.43）	（0.09）	（0.32）	（1.05）	（0.16）	（0.24）
HG14	0.05	6.62	0.06	3.44	0.56	10.73	0.09	26.19	1.74	28.02	40.13	16.35	0.88	57.36	85.38
	（0.67）	（0.32）	（0.71）	（1.99）	（3.67）	（0.39）	（1.89）	（0.04）	（0.88）	（0.04）	（0.03）	（0.13）	（1.15）	（0.04）	（0.03）
HG17	0.04	6.58	0.06	4.26	0.67	11.61	0.11	26.12	1.98	28.21	41.26	15.29	1.3	57.85	86.06
	（0.56）	（0.93）	（0.45）	（0.59）	（4.51）	（0.13）	（5.09）	（0.19）	（0.59）	（0.22）	（0.07）	（0.27）	（3.43）	（0.11）	（0.12）
HG2	0.04	7.03	0.06	3.6	0.6	11.33	0.11	23.95	2.08	26.14	41.68	16.44	0.38	58.5	84.64
	（1.45）	（1.26）	（0.56）	（3.36）	（1.90）	（4.74）	（5.09）	（1.14）	（2.21）	（0.98）	（0.12）	（0.43）	（2.63）	（0.22）	（0.17）
HG21	0.05	6.69	0.07	4.47	0.71	11.99	0.12	20.85	2.21	23.18	43.33	17.27	1.15	61.75	84.93
	（0.11）	（0.38）	（1.27）	（0.34）	（4.26）	（0.17）	（4.95）	（0.25）	（2.51）	（0.13）	（0.17）	（0.22）	（1.32）	（0.19）	（0.13）
HG23	0.01	6.22	0.06	3.64	0.62	10.54	0.18	24.71	1.92	26.81	42.09	16.83	0.82	59.74	86.55
	（0.12）	（1.29）	（0.97）	（1.37）	（8.04）	（2.12）	（7.90）	（0.17）	（1.83）	（0.06）	（0.12）	（0.07）	（0.71）	（0.08）	（0.04）
HG39	0.05	6.82	0.06	3.92	0.63	11.48	0.13	23.32	2.12	25.57	42.1	16.78	1.06	59.94	85.51
	（1.67）	（0.53）	（0.38）	（0.78）	（4.02）	（0.79）	（6.36）	（0.15）	（0.54）	（0.14）	（0.04）	（0.21）	（2.52）	（0.08）	（0.01）
HG41	0.01	6.6	0.07	3.92	0.63	11.22	0.17	23.32	2.1	25.59	42.71	16.13	1.03	59.87	85.46
	（0.14）	（0.40）	（1.02）	（0.39）	（1.85）	（0.24）	（3.78）	（007）	（0.98）	（0.15）	（0.06）	（0.09）	（1.13）	（0.04）	（0.02）
HG43	0.01	6.53	0.06	3.69	0.6	10.88	0.17	25.94	1.99	28.1	40.78	16.15	0.97	57.9	86.0
	（0.67）	（0.40）	（0.86）	（0.68）	（1.64）	（0.14）	（6.31）	（0.24）	（2.11）	（0.11）	（0.05）	（0.25）	（3.45）	（0.03）	（0.02）
HG44	0.01	6.75	0.06	3.39	0.57	10.77	0.13	25.74	2.05	27.92	41.98	15.7	0.95	58.63	86.55
	（1.88）	（0.17）	（0.49）	（0.74）	（2.70）	（0.09）	（3.98）	（0.06）	（1.13）	（0.15）	（0.16）	（0.13）	（1.08）	（0.09）	（0.01）
HG49	0.06	7.11	0.07	4.01	0.65	11.9	0.12	24.08	2.18	26.38	42.05	15.92	1.47	59.44	85.82
	（0.18）	（071）	（1.09）	（0.38）	（2.62）	（0.69）	（4.95）	（0.13）	（0.71）	（0.10）	（0.05）	（0.10）	（1.04）	（0.04）	（0.06）
HG6	0.03	6.79	0.06	3.29	0.55	10.72	0.09	24.64	2.05	26.78	42.25	15.34	0.98	58.57	85.35
	（0.52）	（0.52）	（0.49）	（1.23）	（2.71）	（0.14）	（6.19）	（0.18）	（0.56）	（0.18）	（0.05）	（0.33）	（2.90）	（0.17）	（0.14）
HG8	0.04	7.21	0.07	4.18	0.68	12.18	0.14	21.34	2.25	23.73	42.88	17.07	1.06	61.01	84.74
	（0.88）	（1.19）	（0.66）	（0.50）	（5.14）	（0.83）	（4.22）	（0.12）	（0.77）	（0.15）	（0.27）	（0.21）	（2.21）	（0.28）	（0.24）

附表 6　林口种子园 15 个无性系脂肪酸成分的平均值与变异系数

无性系号	C14:0	C16:0	C17:0	C18:0	C20:0	∑SFA	C16:1	C18:1	C20:1	∑MUFA	C18:2	C18:3	C20:2	∑PUFA	∑USFA
LK11	0.01（0.21）	7.26（0.52）	0.07（1.34）	3.74（0.67）	0.67（1.08）	11.74（0.18）	0.15（3.77）	25.36（0.10）	2.08（0.97）	27.59（0.16）	41.39（0.06）	15.21（0.20）	1.02（3.11）	57.62（0.08）	85.21（0.09）
LK13	0.04（0.18）	6.73（0.23）	0.07（0.78）	3.96（0.44）	0.7（1.41）	11.5（0.28）	0.2（5.00）	23.81（0.11）	2.36（1.07）	26.37（0.06）	40.84（0.05）	17.12（0.07）	1.22（4.92）	59.18（0.13）	85.55（0.09）
LK15	0.04（0.09）	7.31（0.41）	0.06（1.34）	3.77（1.32）	0.68（3.09）	11.86（0.37）	0.17（3.33）	24.87（0.06）	1.93（0.79）	26.97（0.02）	41.71（0.04）	15.98（0.40）	0.89（6.76）	58.58（0.07）	85.55（0.05）
LK16	0.05（0.35）	6.5（0.49）	0.14（0.56）	4.66（1.02）	0.78（3.01）	12.13（0.10）	0.18（1.13）	22.32（0.07）	2.03（0.75）	24.53（0.11）	42.75（0.08）	16.41（0.18）	1.05（1.09）	60.21（0.09）	84.74（0.04）
LK18	0.09（1.28）	6.99（0.30）	0.07（0.69）	3.8（0.95）	0.7（3.00）	11.65（0.31）	0.14（4.03）	22.15（0.09）	2.29（1.31）	24.58（0.27）	42.21（0.04）	16.65（0.09）	1.19（1.74）	60.05（0.02）	84.63（0.06）
LK19	0.01（0.08）	6.94（0.30）	0.07（0.89）	3.98（0.38）	0.73（2.10）	11.72（0.20）	0.14（4.03）	21.19（0.12）	2.32（1.08）	23.65（0.19）	41.66（0.03）	18.04（0.12）	1.13（1.03）	60.83（0.03）	84.48（0.02）
LK20	0.07（0.19）	6.97（0.22）	0.07（1.35）	4.46（0.22）	0.72（0.81）	12.29（0.05）	0.2（3.01）	20.96（0.07）	2.1（0.47）	23.26（0.09）	42.46（0.08）	17.28（0.20）	1.11（1.37）	60.85（0.06）	84.11（0.07）
LK24	0.06（0.19）	7.68（0.61）	0.14（1.69）	4.52（0.34）	0.85（2.43）	13.25（0.66）	0.15（3.77）	20.38（0.20）	2.12（0.72）	22.65（0.09）	42.23（0.07）	17.71（0.34）	1.02（3.57）	60.96（0.09）	83.61（0.14）
LK26	0.03（0.11）	6.77（0.78）	0.14（0.97）	4.55（0.55）	0.76（0.68）	12.25（0.29）	0.13（2.13）	23.1（0.31）	2.15（1.22）	25.38（0.23）	41.62（0.10）	16.45（0.04）	1.02（3.65）	59.09（0.04）	84.47（0.07）
LK27	0.06（0.34）	7.83（0.34）	0.11（0.56）	4.58（1.12）	0.88（2.35）	13.46（0.34）	0.19（3.02）	16.23（0.09）	2.65（0.99）	19.07（0.04）	37.58（0.09）	24.44（0.13）	1.41（1.86）	63.43（0.05）	82.5（0.06）
LK3	0.04（014）	6.66（0.31）	0.07（2.13）	3.81（0.66）	0.67（4.61）	11.25（0.31）	0.2（7.51）	25.43（0.14）	2（2.05）	27.63（0.24）	40.8（0.15）	16.03（0.12）	0.93（3.23）	57.76（0.09）	85.39（0.06）
LK32	0.06（0.23）	6.93（0.29）	0.07（0.47）	4.14（0.28）	0.72（3.62）	11.92（0.1）	0.19（7.59）	22.03（0.14）	2.04（0.56）	24.26（0.19）	42.48（0.10）	17.03（0.03）	1.04（1.92）	60.55（0.11）	84.81（0.04）
LK6	0.04（0.35）	6.84（0.39）	0.07（0.69）	4.34（0.35）	0.72（3.62）	12.01（0.34）	0.17（3.46）	23.26（0.05）	2.09（1.21）	25.52（0.27）	41.27（0.05）	16.95（0.30）	1.05（1.97）	59.27（0.09）	84.79（0.07）
LK36	0.04（0.08）	7.54（0.28）	0.07（0.79）	4.2（0.36）	0.75（2.03）	12.6（0.41）	0.21（6.70）	22.51（0.16）	2.23（0.52）	24.95（0.24）	42.47（0.06）	15.67（0.23）	1.13（1.83）	59.27（0.08）	84.22（0.04）
LK8	0.05（0.35）	6.95（0.30）	0.07（0.58）	3.78（0.93）	0.67（2.22）	11.52（0.54）	0.18（5.56）	23.47（0.14）	2.17（0.46）	25.82（0.18）	42.7（0.05）	15.98（0.22）	0.95（4.32）	59.63（0.04）	85.45（0.04）

附表 7　铁力种子园 15 个无性系脂肪酸成分的平均值与变异系数

无性系号	C14:0	C16:0	C17:0	C18:0	C20:0	∑SFA	C16:1	C18:1	C20:1	∑MUFA	C18:2	C18:3	C20:2	∑PUFA	∑USFA
TL1024	0.01	6.9	0.07	4.79	0.76	12.52	0.15	21.56	2.06	23.77	42.28	17.24	0.9	60.42	84.19
	(0.34)	(0.30)	(0.27)	(1.05)	(2.02)	(0.14)	(3.77)	(0.21)	(1.01)	(0.13)	(0.07)	(0.20)	(1.69)	(0.08)	(0.10)
TL1048	0.07	6.89	0.08	4.66	0.77	12.47	0.15	21.14	2.22	23.51	42.65	17.23	1	60.88	84.39
	(0.54)	(0.59)	(0.39)	(0.54)	(1.98)	(0.24)	(3.94)	(0.17)	(0.93)	(0.06)	(0.06)	(0.15)	(2.59)	(0.07)	(0.05)
TL1061	0.01	7.99	0.08	4.98	0.95	14	0.16	19.84	2.39	22.39	41.57	17.19	1.08	59.84	82.23
	(0.36)	(0.44)	(0.69)	(0.42)	(1.06)	(0.19)	(6.25)	(0.17)	(1.27)	(0.27)	(0.07)	(0.12)	(2.32)	(0.13)	(0.05)
TL1102	0.05	7.21	0.08	4.39	0.74	12.47	0.21	20.29	2.13	22.63	42.72	17.35	0.94	61.01	83.64
	(0.65)	(0.35)	(0.78)	(0.60)	(2.03)	(0.49)	(2.79)	(0.25)	(0.72)	(0.14)	(0.05)	(0.18)	(1.60)	(0.10)	(0.07)
TL1104	0.01	6.5	0.06	3.41	0.67	10.64	0.12	24.43	2.39	26.94	41.78	16.4	0.95	59.13	86.07
	(038)	(0.49)	(0.54)	(0.45)	(1.74)	(0.09)	(4.68)	(0.10)	(1.28)	(0.04)	(0.08)	(0.19)	(1.60)	(0.13)	(0.06)
TL1112	0.06	6.68	0.09	3.64	0.69	11.16	0.21	23.15	2.09	25.45	42.99	16.24	0.94	60.17	85.62
	(1.03)	(0.31)	(0.47)	(0.42)	(4.47)	(0.05)	(7.16)	(0.09)	(0.73)	(0.20)	(0.07)	(0.13)	(1.69)	(0.06)	(0.10)
TL1131	0.03	6.88	0.08	4.02	0.64	11.65	0.13	22.69	2.15	24.97	43.57	15.93	0.95	60.45	85.42
	(0.39)	(0.44)	(0.69)	(0.29)	(3.91)	(0.18)	(2.14)	(0.16)	(1.17)	(0.06)	(0.09)	(0.10)	(2.68)	(0.47)	(0.47)
TL1185	0.06	7.65	0.09	4.31	0.8	12.91	0.26	18.43	2.48	21.17	42.9	18.52	1.11	62.53	83.7
	(0.65)	(0.57)	(0.58)	(0.13)	(1.43)	(0.25)	(5.80)	(0.03)	(1.01)	(0.22)	(0.07)	(0.11)	(1.57)	(0.47)	(0.24)
TL1194	0.06	8.04	0.07	3.64	0.69	12.5	0.22	20.97	2.18	23.37	42.89	16.7	0.97	60.56	83.93
	(0.68)	(0.26)	(0.79)	(0.84)	(3.78)	(0.29)	(2.47)	(0.06)	(0.95)	(0.04)	(0.09)	(0.12)	(1.32)	(0.36)	(0.14)
TL1209	0.01	6.55	0.07	4.04	0.63	11.29	0.1	24.85	1.93	26.88	41.91	15.92	0.87	58.7	85.58
	(0.18)	(0.32)	(0.68)	(0.38)	(0.91)	(0.18)	(5.59)	(0.10)	(0.79)	(0.06)	(0.07)	(0.10)	(2.38)	(0.58)	(0.14)
TL1271	0.07	7.29	0.06	4.22	0.714	12.354	0.18	24.26	2.06	26.5	41.69	15.48	1.06	58.23	84.73
	(0.69)	(0.29)	(0.47)	(0.60)	(2.14)	(0.12)	(3.15)	(0.09)	(0.93)	(0.06)	(0.08)	(0.19)	(1.09)	(0.47)	(0.26)
TL1357	0.06	7.8	0.08	4.54	0.91	13.39	0.16	19.36	2.37	21.89	42.7	17.82	1.05	61.57	83.46
	(0.89)	(0.20)	(0.59)	(0.67)	(1.26)	(0.20)	(9.75)	(0.23)	(0.64)	(0.04)	(0.09)	(0.11)	(1.64)	(0.14)	(0.08)
TL1381	0.08	7.31	0.07	4.49	0.7	12.65	0.14	21.54	1.95	23.63	41.89	17.69	0.93	60.51	84.14
	(0.67)	(0.28)	(0.67)	(0.68)	(2.44)	(0.08)	(6.67)	(0.05)	(0.78)	(0.21)	(0.07)	(0.17)	(1.93)	(0.35)	(0.34)
TL3083	0.06	7.75	0.08	3.77	0.72	12.38	0.16	19.59	2.39	22.14	43.75	16.95	1.59	62.29	84.43
	(0.49)	(0.07)	(0.68)	(0.40)	(1.59)	(0.19)	(3.53)	(0.08)	(0.64)	(0.12)	(0.07)	(0.11)	(1.21)	(0.17)	(0.14)
TL3101	0.01	7.58	0.08	4.54	0.81	13.01	0.24	20.97	2.05	23.26	42.83	16.54	0.97	60.34	83.6
	(0.86)	(0.40)	(0.27)	(0.48)	(0.72)	(0.12)	(4.68)	(0.1)	(0.74)	(0.09)	(0.07)	(0.15)	(1.38)	(0.17)	(0.16)

附表 8　苇河种子园 15 个无性系脂肪酸成分的平均值与变异系数

无性系号	C14:0	C16:0	C17:0	C18:0	C20:0	∑SFA	C16:1	C18:1	C20:1	∑MUFA	C18:2	C18:3	C20:2	∑PUFA	∑USFA
WH008	0.01	7.51	0.08	4.08	0.7	12.37	0.13	22.72	2.27	25.12	42.55	15.53	1.16	59.24	84.36
	(0.32)	(0.20)	(0.13)	(0.74)	(2.44)	(0.26)	(4.56)	(0.05)	(0.67)	(0.12)	(0.04)	(0.10)	(0.86)	(0.04)	(0.03)
WH019	0.01	7.09	0.07	3.78	0.61	11.55	0.11	24.62	1.77	26.5	42.38	15.8	0.84	59.02	85.52
	(0.17)	(0.22)	(0.24)	(0.40)	(2.52)	(0.13)	(5.09)	(0.05)	(0.56)	(0.07)	(0.05)	(0.16)	(0.68)	(0.05)	(0.14)
WH028	0.05	7.15	0.07	4.85	0.75	12.87	0.2	21.87	2.17	24.24	43.32	15.68	1.1	60.1	84.34
	(0.31)	(0.16)	(0.32)	(0.46)	(2.05)	(0.16)	(4.76)	(0.12)	(0.27)	(0.09)	(0.04)	(0.11)	(1.39)	(0.07)	(0.11)
WH042	0.05	6.77	0.07	4.37	0.73	11.99	0.18	21.83	2.19	24.2	42.57	17.1	1.08	60.75	84.95
	(0.28)	(0.23)	(0.25)	(0.36)	(0.79)	(0.19)	(4.68)	(0.05)	(0.53)	(0.05)	(0.02)	(0.03)	(0.53)	(0.09)	(0.08)
WH056	0.07	7.29	0.07	4.19	0.72	12.34	0.16	21.53	2.21	23.9	42.5	16.24	1.19	59.93	83.83
	(0.19)	(0.35)	(0.30)	(0.30)	(1.05)	(0.29)	(3.53)	(0.11)	(0.26)	(0.06)	(0.27)	(0.13)	(0.49)	(0.08)	(0.08)
WH057	0.05	7.46	0.07	4.25	0.79	12.62	0.14	21.88	2.26	24.28	41.8	16.52	1.02	59.34	83.62
	(0.35)	(0.08)	(0.19)	(0.27)	(1.36)	(0.05)	(4.22)	(0.12)	(0.51)	(0.04)	(0.06)	(0.07)	(1.12)	(0.07)	(0.06)
WH063	0.05	6.89	0.07	4.28	0.68	11.97	0.13	23.06	2.17	25.36	41.4	16.78	1.14	59.32	84.68
	(0.17)	(0.30)	(0.24)	(0.39)	(3.78)	(0.14)	(4.09)	(0.05)	(0.53)	(0.08)	(0.06)	(0.12)	(0.88)	(0.13)	(0.09)
WH065	0.04	7.03	0.07	3.78	0.7	11.62	0.19	24.44	2.13	26.76	41.37	16.35	0.94	58.66	85.42
	(0.27)	(0.22)	(0.16)	(0.67)	(2.78)	(0.09)	(5.87)	(0.02)	(0.27)	(0.06)	(0.04)	(0.07)	(1.82)	(0.08)	(0.14)
WH066	0.06	7.26	0.07	4.2	0.72	12.31	0.22	20.28	2.44	22.94	42.79	16.65	1.25	60.69	83.63
	(0.19)	(0.21)	(0.17)	(1.24)	(1.36)	(0.25)	(5.36)	(0.10)	(0.63)	(0.03)	(0.09)	(0.10)	(0.23)	(0.14)	(0.19)
WH067	0.01	6.83	0.07	4.59	0.7	12.19	0.19	22.7	2.17	25.06	42.11	16.35	1.08	59.54	84.6
	(0.33)	(0.17)	(0.20)	(0.17)	(2.37)	(2.04)	(8.66)	(0.51)	(0.27)	(0.14)	(0.03)	(0.07)	(1.05)	(0.07)	(0.07)
WH071	0.01	7.61	0.07	3.63	0.64	11.95	0.21	22.47	2.08	24.76	42.48	16.54	1.08	60.1	84.86
	(0.18)	(0.15)	(0.21)	(0.14)	(0.82)	(0.05)	(2.71)	(0.11)	(0.28)	(0.09)	(0.04)	(0.06)	(0.54)	(0.13)	(0.03)
WH110	0.04	6.89	0.07	4.61	0.74	12.35	0.19	20.68	2.4	23.27	42.05	17.69	1.3	61.04	84.31
	(0.14)	(0.22)	(0.51)	(0.36)	(0.91)	(0.12)	(5.87)	(0.66)	(0.48)	(0.15)	(0.04)	(0.14)	(0.88)	(0.14)	(0.13)
WH117	0.06	6.83	0.06	3.6	0.62	11.17	0.18	23.95	1.96	26.09	41.62	16.97	0.94	59.53	85.62
	(0.16)	(0.17)	(0.16)	(0.57)	(0.78)	(0.22)	(4.56)	(0.10)	(0.59)	(0.13)	(0.05)	(0.07)	(0.38)	(0.06)	(0.08)
WH152	0.05	7.11	0.08	4.15	0.72	12.11	0.14	23.69	2.2	26.03	42.29	15.23	1.13	58.65	84.68
	(027)	(0.16)	(0.24)	(0.16)	(0.68)	(0.17)	(4.03)	(0.13)	(0.45)	(0.17)	(0.04)	(0.10)	(1.03)	(0.17)	(0.14)
WH162	0.01	9.01	0.08	4.88	0.88	14.85	0.18	20.37	2.59	23.14	40.63	16.08	1.4	58.11	81.25
	(0.11)	(0.32)	(0.32)	(0.38)	(0.66)	(0.26)	(3.15)	(0.26)	(0.81)	(0.18)	(0.04)	(0.22)	(0.65)	(0.11)	(0.11)

附表 9 鹤岗种子园 15 个无性系氨基酸成分的平均值与变异系数

无性系号	Asp	Thr	Ser	Glu	Gly	Ala	Cys	Val	Met	Ile	Leu	Tyr	Phe	Lys	His	Arg	Pro	TAA	EAA
HG1	3.23	1.03	2.20	7.94	1.77	1.72	0.74	0.96	0.64	0.76	2.34	1.32	1.17	1.45	0.78	6.16	1.65	36.20	8.36
	（2.72）	（2.07）	（1.21）	（0.96）	（1.18）	（2.33）	（6.12）	（1.04）	（1.56）	（1.51）	（0.49）	（2.38）	（0.98）	（0.74）	（1.11）	（0.12）	（0.39）	（0.15）	（0.50）
HG10	2.83	0.92	1.92	6.93	1.65	1.49	0.65	0.84	0.61	0.64	2.07	1.14	1.05	1.27	0.74	5.41	1.42	31.87	7.40
	（1.95）	（3.80）	（0.52）	（0.52）	（2.17）	（0.67）	（3.85）	（0.68）	（0.95）	（0.90）	（0.28）	（1.43）	（0.55）	（0.88）	（0.79）	（0.11）	（0.41）	（0.05）	（0.66）
HG12	3.11	1.00	2.12	7.47	1.80	1.61	0.66	0.89	0.59	0.70	2.21	1.21	1.15	1.44	0.80	5.75	1.53	34.37	7.98
	（2.42）	（1.52）	（1.25）	（0.34）	（1.48）	（1.86）	（7.94）	（2.56）	（0.97）	（0.82）	（1.04）	（2.01）	（0.50）	（0.93）	（0.20）	（0.05）	（0.10）	（0.39）	（0.64）
HG14	3.66	1.14	2.52	8.89	2.09	1.90	0.78	1.00	0.72	0.79	2.61	1.46	1.34	1.54	0.93	7.15	1.76	40.64	9.13
	（0.79）	（2.30）	（1.00）	（0.40）	（1.93）	（1.32）	（3.21）	（1.53）	（0.81）	（1.27）	（0.80）	（2.32）	（1.89）	（0.16）	（0.10）	（0.02）	（0.05）	（0.29）	（0.46）
HG17	3.30	1.07	2.27	7.72	1.92	1.67	0.63	0.92	0.66	0.72	2.33	1.29	1.27	1.45	0.85	6.32	1.65	36.37	8.43
	（0.80）	（1.42）	（0.44）	（0.45）	（2.44）	（2.76）	（4.76）	（1.08）	（1.52）	（1.61）	（0.25）	（2.16）	（0.45）	（0.39）	（1.87）	（0.07）	（0.16）	（0.20）	（0.24）
HG2	3.44	1.05	2.34	7.61	2.52	1.94	0.72	0.98	0.68	0.78	2.48	1.40	1.24	1.34	0.83	6.20	1.75	37.68	8.55
	（1.17）	（0.95）	（0.49）	（0.84）	（1.21）	（1.03）	（6.28）	（1.75）	（0.85）	（0.73）	（1.40）	（2.81）	（2.42）	（1.49）	（1.12）	（0.15）	（0.37）	（0.55）	（0.71）
HG21	2.88	0.90	1.97	6.71	2.02	1.67	0.73	0.87	0.66	0.64	2.03	1.13	1.01	1.19	0.69	5.11	1.51	32.06	7.30
	（4.47）	（3.42）	（1.16）	（1.15）	（2.05）	（1.51）	（1.55）	（0.66）	（0.01）	（0.90）	（0.28）	（1.06）	（0.99）	（0.96）	（1.51）	（0.26）	（0.68）	（0.35）	（0.36）
HG23	2.71	0.88	1.74	5.87	1.94	1.59	0.59	0.86	0.59	0.66	1.91	1.04	1.00	1.20	0.70	4.26	1.50	29.33	7.11
	（3.30）	（0.65）	（1.87）	（0.39）	（1.78）	（1.67）	（2.57）	（0.67）	（0.98）	（1.74）	（0.30）	（2.10）	（0.58）	（0.84）	（1.65）	（0.27）	（0.78）	（0.28）	（0.28）
HG39	1.56	1.18	2.54	8.33	2.71	2.19	0.81	1.16	0.71	0.91	2.69	1.53	1.39	1.52	0.92	6.82	1.97	39.34	9.54
	（0.65）	（2.54）	（2.17）	（0.68）	（0.93）	（1.85）	（6.88）	（1.72）	（0.81）	（1.10）	（1.13）	（2.22）	（2.18）	（0.33）	（0.47）	（0.11）	（0.21）	（0.27）	（0.26）
HG41	3.19	1.00	2.17	7.25	2.29	1.86	0.73	0.95	0.69	0.71	2.29	1.29	1.17	1.34	0.78	5.66	1.73	35.45	8.14
	（0.31）	（3.57）	（1.38）	（1.25）	（1.99）	（2.45）	（1.37）	（4.21）	（0.84）	（1.62）	（2.94）	（1.42）	（1.71）	（0.14）	（0.97）	（0.23）	（0.28）	（0.19）	（0.54）
HG43	3.43	1.06	2.38	7.88	2.57	2.04	0.78	0.99	0.76	0.77	2.54	1.40	1.25	1.38	0.85	6.28	1.82	38.57	8.75
	（0.90）	（2.98）	（1.11）	（1.22）	（2.37）	（1.49）	（0.74）	（2.87）	（1.32）	（1.97）	（1.03）	（0.55）	（1.98）	（1.51）	（0.52）	（0.05）	（0.24）	（0.35）	（0.23）
HG44	3.29	1.04	2.28	7.61	2.46	2.18	0.71	0.99	0.71	0.73	2.41	1.30	1.16	1.39	0.83	5.58	1.85	36.95	8.43
	（1.98）	（1.49）	（2.86）	（0.6）2	（0.84）	（2.07）	（1.64）	（3.03）	（0.01）	（1.37）	（1.89）	（1.67）	（1.00）	（0.75）	（0.65）	（0.14）	（0.58）	（0.30）	（0.36）
HG49	3.28	1.00	2.33	7.91	2.59	2.15	0.78	0.97	0.77	0.71	2.38	1.35	1.20	1.31	0.79	5.80	2.20	37.96	8.35
	（0.18）	（0.58）	（1.96）	（0.90）	（1.18）	（0.97）	（2.50）	（3.84）	（0.75）	（0.81）	（3.07）	（1.73）	（4.25）	（1.35）	（1.36）	（0.24）	（0.82）	（0.15）	（0.43）
HG6	3.88	1.17	2.73	9.21	2.95	2.54	0.89	1.13	0.86	0.84	2.79	1.57	1.31	1.55	0.90	6.79	2.68	44.29	9.64
	（1.43）	（0.49）	（1.17）	（0.57）	（1.86）	（1.41）	（2.84）	（1.85）	（1.78）	（3.75）	（0.91）	（1.06）	（2.46）	（0.93）	（0.41）	（0.08）	（0.14）	（0.40）	（0.39）
HG8	3.67	1.13	2.60	8.71	2.88	2.42	0.78	1.09	0.80	0.83	2.73	1.46	1.29	1.50	0.90	6.40	2.00	41.67	9.37
	（0.42）	（1.70）	（3.42）	（0.27）	（0.87）	（3.32）	（3.95）	（5.18）	（0.72）	（0.70）	（2.26）	（1.80）	（1.61）	（0.44）	（0.01）	（0.01）	（0.01）	（0.37）	（0.70）

附表 10　林口种子园 15 个无性系氨基酸成分的平均值与变异系数

无性系号	Asp	Thr	Ser	Glu	Gly	Ala	Cys	Val	Met	Ile	Leu	Tyr	Phe	Lys	His	Arg	Pro	TAA	EAA
LK11	4.09	1.40	2.69	9.71	2.42	2.15	0.83	1.47	0.60	1.25	3.27	1.69	1.58	1.83	0.95	7.54	2.17	45.98	11.40
	（0.49）	（0.41）	（1.56）	（0.42）	（1.04）	（0.98）	（2.53）	（1.41）	（0.97）	（0.92）	（0.77）	（2.22）	（1.65）	（0.55）	（1.94）	（0.08）	（0.32）	（0.10）	（0.36）
LK13	5.07	1.32	3.21	11.49	2.71	2.49	1.08	1.68	0.77	1.43	3.78	2.13	1.80	1.92	1.10	9.66	3.62	55.77	12.70
	（0.60）	（0.76）	（0.78）	（0.44）	（1.12）	（2.01）	（3.90）	（0.91）	（0.75）	（0.81）	（0.53）	（1.28）	（1.17）	（0.82）	（0.16）	（0.03）	（0.05）	（0.32）	（0.16）
LK15	5.05	1.66	3.32	11.67	3.05	2.70	1.03	1.76	0.75	1.57	4.14	2.21	2.08	2.09	1.20	9.78	2.73	57.31	14.05
	（0.50）	（0.35）	（0.60）	（0.47）	（0.83）	（1.69）	（1.94）	（1.14）	（0.77）	（0.37）	（0.74）	（1.39）	（1.00）	（0.30）	（1.80）	（0.14）	（0.31）	（0.22）	（0.11）
LK16	4.64	1.50	3.06	10.82	2.54	2.33	1.03	1.62	0.71	1.30	3.81	1.98	1.80	2.01	1.07	9.63	3.13	53.41	12.74
	（0.43）	（0.38）	（0.86）	（0.83）	（2.37）	（1.96）	（4.41）	（1.55）	（1.41）	（0.89）	（0.79）	（3.17）	（1.68）	（0.48）	（1.57）	（0.12）	（0.39）	（0.23）	（0.47）
LK18	4.56	1.48	2.99	11.34	2.42	2.30	1.08	1.56	0.61	1.33	3.53	1.85	1.63	2.06	1.11	9.98	3.20	53.50	12.19
	（1.01）	（1.03）	（1.20）	（0.27）	（1.26）	（4.79）	（2.34）	（0.64）	（0.01）	（0.44）	（0.65）	（1.69）	（1.27）	（1.01）	（0.11）	（0.01）	（0.04）	（0.25）	（0.19）
LK19	0.45	1.68	3.07	11.03	2.81	2.49	1.09	1.64	0.79	1.57	3.85	2.05	1.62	1.93	1.24	9.24	3.84	50.90	13.09
	（0.13）	（2.09）	（0.65）	（0.42）	（1.29）	（2.81）	（1.92）	（1.26）	（0.73）	（0.37）	（0.40）	（0.62）	（0.94）	（0.33）	（0.31）	（0.05）	（0.17）	（0.11）	（0.32）
LK20	4.73	1.51	2.95	10.67	2.64	2.37	0.98	1.78	0.72	1.45	3.93	1.85	1.66	2.03	1.17	8.73	3.19	52.84	13.07
	（0.97）	（2.37）	（2.24）	（0.43）	（1.16）	（2.13）	（5.17）	（0.56）	（0.81）	（0.80）	（0.39）	（1.99）	（0.92）	（0.63）	（0.95）	（0.07）	（0.32）	（0.15）	（0.25）
LK24	4.03	1.32	2.66	9.34	2.22	2.22	0.92	1.52	0.66	1.31	3.17	1.72	1.54	1.99	1.03	8.09	2.58	46.76	11.52
	（0.71）	（2.27）	（1.35）	（0.43）	（2.70）	（4.32）	（2.28）	（0.66）	（0.01）	（0.44）	（0.48）	（1.82）	（0.65）	（0.06）	（0.69）	（0.12）	（0.42）	（0.16）	（0.27）
LK26	4.47	1.35	2.91	10.25	2.51	2.14	1.06	1.63	0.57	1.37	3.62	1.72	1.78	2.01	1.03	8.79	2.51	50.16	12.33
	（0.56）	（1.46）	（0.79）	（0.29）	（1.27）	（2.13）	（4.78）	（1.07）	（1.79）	（1.11）	（0.58）	（2.13）	（0.97）	（0.84）	（0.59）	（0.12）	（0.24）	（0.01）	（0.25）
LK27	4.72	1.50	3.05	11.10	2.66	2.39	1.22	1.88	0.65	1.50	3.69	2.02	1.79	2.23	1.12	8.69	2.58	53.28	13.24
	（1.29）	（0.67）	（0.33）	（0.36）	（0.43）	（2.72）	（5.32）	（0.81）	（0.01）	（0.67）	（0.78）	（2.32）	（0.85）	（0.74）	（0.20）	（0.07）	（0.29）	（0.26）	（0.16）
LK3	4.47	1.22	2.90	7.72	2.38	2.10	0.75	1.56	0.65	1.31	3.30	1.64	1.65	2.02	0.95	8.24	1.92	45.23	11.73
	（0.45）	（0.94）	（0.52）	（0.88）	（1.47）	（2.46）	（9.93）	（0.37）	（0.88）	（0.44）	（0.30）	（0.60）	（0.70）	（1.08）	（0.93）	（0.07）	（0.46）	（0.06）	（0.20）
LK32	5.18	1.66	3.40	11.22	2.92	2.66	1.04	1.77	0.65	1.40	4.10	2.12	2.17	2.40	1.21	10.21	4.50	59.11	14.15
	（0.40）	（0.91）	（0.29）	（0.44）	（1.20）	（2.07）	（3.85）	（1.13）	（1.54）	（0.71）	（0.75）	（1.73）	（1.42）	（2.30）	（1.57）	（0.18）	（0.43）	（0.18）	（0.24）
LK6	4.89	1.44	3.22	11.52	2.59	2.52	1.13	1.67	0.73	1.40	3.67	1.97	1.94	2.01	1.07	10.42	3.32	55.96	12.85
	（0.20）	（2.92）	（0.64）	（0.53）	（1.36）	（1.40）	（2.07）	（0.91）	（0.79）	（0.41）	（0.42）	（1.18）	（0.78）	（1.04）	（0.90）	（0.11）	（0.22）	（0.11）	（0.12）
LK36	5.01	1.62	3.28	11.79	2.86	2.72	1.01	1.99	0.79	1.45	4.24	2.08	1.98	2.17	1.15	10.27	3.41	58.32	14.24
	（0.72）	（2.16）	（0.47）	（0.21）	（1.41）	（1.29）	（1.52）	（1.01）	（0.74）	（0.40）	（0.83）	（1.37）	（1.84）	（0.50）	（0.27）	（0.05）	（0.09）	（0.04）	（0.51）
LK8	3.75	1.28	2.34	9.34	2.17	1.92	0.90	1.41	0.62	1.31	3.05	1.56	1.51	1.67	0.98	7.18	2.16	43.51	10.83
	（0.94）	（1.97）	（1.48）	（0.21）	（1.21）	（1.31）	（6.20）	（0.41）	（0.93）	（1.17）	（0.68）	（0.68）	（1.01）	（0.55）	（0.84）	（0.10）	（0.38）	（0.27）	（0.28）

附表 11 铁力种子园 15 个无性系氨基酸成分的平均值与变异系数

无性系号	Asp	Thr	Ser	Glu	Gly	Ala	Cys	Val	Met	Ile	Leu	Tyr	Phe	Lys	His	Arg	Pro	TAA	EAA
TL1024	3.26	1.03	2.03	7.27	1.72	1.56	0.66	1.17	0.52	1.15	2.46	1.26	1.28	1.59	0.96	6.11	2.00	36.33	9.19
	(1.08)	(2.01)	(1.78)	(0.44)	(3.54)	(3.79)	(0.85)	(2.19)	(1.52)	(0.62)	(2.13)	(1.56)	(0.67)	(0.98)	(0.18)	(0.77)	(0.28)	(0.56)	(0.67)
TL1048	3.31	0.94	2.08	8.62	1.61	1.56	1.18	1.11	0.75	1.01	2.32	1.22	1.20	1.58	0.72	5.93	2.22	37.67	8.91
	(1.54)	(1.22)	(0.48)	(0.70)	(3.21)	(2.69)	(1.86)	(0.06)	(0.99)	(2.14)	(0.52)	(1.27)	(0.86)	(0.37)	(0.04)	(0.12)	(0.58)	(0.19)	(0.18)
TL1061	3.56	1.40	2.34	8.25	1.94	1.80	0.73	1.20	0.54	1.43	2.65	1.66	1.38	1.52	1.29	7.28	2.33	41.64	10.12
	(0.74)	(1.09)	(2.57)	(0.67)	(3.21)	(2.83)	(1.46)	(1.06)	(0.40)	(0.66)	(1.53)	(0.83)	(0.90)	(0.27)	(0.05)	(0.15)	(0.21)	(0.25)	(0.23)
TL1102	2.96	1.01	1.98	6.98	1.56	1.47	1.07	1.08	0.55	0.91	2.24	1.25	1.24	1.40	0.97	5.60	1.77	34.42	8.43
	(1.74)	(0.58)	(1.52)	(0.81)	(2.07)	(1.87)	(0.53)	(1.06)	(0.63)	(0.52)	(0.67)	(1.23)	(0.21)	(0.21)	(0.04)	(0.11)	(0.22)	(0.24)	(0.34)
TL1104	3.43	1.39	2.38	8.55	1.71	2.09	0.63	1.12	0.81	1.17	2.60	1.58	1.60	1.45	0.88	6.31	1.38	39.46	10.14
	(0.45)	(0.42)	(2.89)	(0.88)	(2.16)	(1.56)	(0.89)	(1.23)	(1.30)	(0.59)	(0.52)	(0.96)	(0.37)	(1.31)	(0.19)	(1.47)	(0.36)	(0.21)	(0.29)
TL1112	3.67	1.35	2.21	8.12	1.82	1.72	0.73	1.41	0.62	1.09	2.61	1.28	1.29	1.66	0.80	6.54	0.84	38.13	10.04
	(0.27)	(2.25)	(1.36)	(0.58)	(2.04)	(1.57)	(0.41)	(0.93)	(1.06)	(0.22)	(0.67)	(0.45)	(0.31)	(0.97)	(0.19)	(0.94)	(0.33)	(0.30)	(0.33)
TL1131	3.55	1.17	2.13	7.64	1.78	1.73	0.70	1.09	0.42	1.15	3.25	1.42	1.35	1.52	0.94	6.55	2.19	38.97	9.95
	(1.42)	(1.31)	(1.88)	(0.53)	(2.03)	(1.43)	(0.92)	(0.01)	(0.50)	(0.61)	(1.59)	(1.13)	(0.33)	(0.40)	(0.08)	(0.30)	(0.25)	(0.10)	(0.27)
TL1185	3.88	1.40	2.08	7.68	1.82	1.62	0.80	1.35	0.59	0.85	2.99	1.95	1.45	1.72	0.95	6.68	1.54	39.73	10.35
	(0.68)	(1.09)	(4.32)	(0.94)	(2.11)	(1.23)	(0.85)	(0.98)	(1.35)	(0.58)	(0.88)	(1.38)	(0.06)	(0.26)	(0.06)	(0.16)	(0.14)	(0.34)	(0.18)
TL1194	3.39	1.43	2.84	9.10	1.93	1.77	1.03	1.45	0.64	1.09	2.86	1.72	1.43	1.77	1.12	8.20	1.89	44.14	10.68
	(0.61)	(1.46)	(1.22)	(0.54)	(2.05)	(0.56)	(0.79)	(0.90)	(1.06)	(0.40)	(0.59)	(0.81)	(0.71)	(0.35)	(0.07)	(0.21)	(0.15)	(0.19)	(0.20)
TL1209	2.88	0.99	1.55	6.58	1.44	1.63	0.55	0.80	0.41	0.75	2.19	0.96	0.78	1.29	0.82	5.84	1.96	31.71	7.21
	(0.72)	(1.54)	(0.98)	(0.40)	(2.53)	(5.49)	(3.53)	(2.77)	(2.05)	(2.92)	(3.02)	(1.47)	(0.75)	(0.17)	(0.07)	(0.28)	(0.27)	(0.65)	(0.17)
TL1271	3.17	1.20	2.48	8.66	1.77	2.08	0.95	1.06	0.58	0.75	2.96	1.37	1.26	1.48	0.97	6.79	2.39	40.34	9.31
	(0.36)	(1.28)	(2.88)	(0.64)	(2.21)	(4.73)	(0.94)	(1.00)	(1.33)	(0.39)	(0.78)	(1.21)	(1.80)	(0.39)	(0.08)	(0.16)	(0.19)	(0.28)	(0.27)
TL1357	4.10	1.02	2.14	8.11	2.08	1.96	0.74	0.82	0.65	1.06	2.80	1.41	1.45	1.78	1.07	6.97	2.70	41.28	9.58
	(1.20)	(1.49)	(3.74)	(0.38)	(3.14)	(4.72)	(1.22)	(1.54)	(1.90)	(0.36)	(0.37)	(0.68)	(0.36)	(0.83)	(0.10)	(0.33)	(0.55)	(0.24)	(0.37)
TL1381	3.61	1.25	2.27	8.03	1.78	1.79	0.86	1.10	0.72	1.13	2.91	1.45	1.38	1.77	0.89	6.87	2.19	40.37	10.26
	(1.25)	(1.67)	(2.03)	(0.52)	(2.23)	(3.80)	(0.53)	(0.81)	(0.51)	(0.34)	(2.08)	(0.72)	(0.80)	(1.08)	(0.15)	(0.54)	(0.22)	(0.39)	(0.51)
TL3083	3.42	1.26	2.28	6.92	2.06	1.97	0.73	1.41	0.75	1.02	3.00	1.42	1.43	1.36	1.07	6.61	4.49	41.53	10.23
	(0.77)	(1.59)	(1.15)	(0.80)	(2.03)	(6.33)	(0.71)	(0.77)	(0.56)	(0.69)	(1.30)	(1.06)	(0.33)	(0.92)	(0.08)	(0.07)	(0.35)	(0.35)	(0.61)
TL3101	4.08	1.02	2.16	8.66	2.33	1.22	0.94	1.31	0.75	1.28	3.41	1.42	2.03	1.67	1.07	7.54	0.65	41.98	11.47
	(0.75)	(0.98)	(0.46)	(0.64)	(1.27)	(3.27)	(0.76)	(0.77)	(0.78)	(0.29)	(0.70)	(0.57)	(0.53)	(0.78)	(0.08)	(1.30)	(0.09)	(0.10)	(0.49)

附表 12　苇河种子园 15 个无性系氨基酸成分的平均值与变异系数

无性系号	Asp	Thr	Ser	Glu	Gly	Ala	Cys	Val	Met	Ile	Leu	Tyr	Phe	Lys	His	Arg	Pro	TAA	EAA
WH008	2.27	0.84	1.57	5.58	1.40	1.30	0.58	0.85	0.49	0.70	1.82	0.91	0.92	1.06	0.55	3.70	1.08	25.88	9.19
	（0.51）	（1.19）	（1.26）	（1.52）	（1.90）	（4.25）	（1.69）	（0.68）	（1.17）	（0.83）	（0.32）	（2.72）	（1.08）	（0.49）	（2.23）	（0.32）	（1.25）	（0.66）	（0.17）
WH019	3.78	1.26	2.68	9.29	2.35	2.13	0.88	1.30	0.81	1.15	3.05	1.59	1.43	1.64	0.92	6.89	1.81	43.34	8.91
	（0.85）	（0.80）	（2.24）	（0.33）	（1.92）	（4.23）	（1.73）	（0.44）	（0.71）	（0.50）	（0.50）	（0.86）	（1.06）	（1.00）	（1.18）	（0.25）	（0.61）	（0.15）	（0.36）
WH028	4.12	1.48	3.03	11.07	2.59	2.52	1.01	1.47	0.94	1.23	3.28	1.97	1.54	1.68	1.00	8.28	2.02	49.65	10.12
	（1.46）	（1.03）	（1.49）	（0.45）	（2.35）	（1.89）	（2.59）	（0.01）	（0.62）	（0.94）	（0.01）	（1.49）	（0.38）	（1.00）	（0.21）	（0.04）	（0.10）	（0.14）	（0.10）
WH042	2.57	0.94	1.94	7.07	1.66	1.59	0.71	1.03	0.58	0.80	2.12	1.11	1.03	1.13	0.65	5.11	1.04	31.39	8.43
	（0.22）	（2.13）	（2.33）	（0.75）	（1.51）	（0.97）	（4.44）	（0.56）	（1.00）	（0.72）	（0.27）	（0.28）	（0.56）	（0.48）	（1.05）	（0.08）	（0.66）	（0.11）	（0.26）
WH056	2.74	0.98	1.99	6.81	1.63	1.58	0.70	1.02	0.61	0.76	2.21	1.17	1.02	1.23	0.68	5.12	1.49	32.06	10.14
	（1.30）	（1.56）	（3.02）	（0.96）	（3.08）	（2.07）	（0.82）	（0.98）	（1.88）	（2.63）	（0.26）	（0.50）	（0.57）	（0.61）	（1.56）	（0.33）	（0.73）	（0.32）	（0.15）
WH057	3.21	1.06	2.17	7.74	1.84	1.77	0.74	1.03	0.68	0.82	2.37	1.31	1.17	1.34	0.77	5.85	1.53	35.74	10.04
	（0.48）	（1.10）	（2.54）	（0.58）	（2.45）	（1.98）	（0.78）	（0.56）	（1.49）	（0.71）	（0.24）	（0.45）	（0.50）	（0.95）	（1.25）	（0.13）	（0.44）	（0.24）	（0.45）
WH063	2.67	0.94	2.01	6.92	1.62	1.50	0.72	0.90	0.66	0.72	2.11	1.19	1.00	1.17	0.68	5.32	1.33	31.74	9.95
	（1.65）	（0.62）	（1.87）	（0.63）	（1.88）	（2.05）	（3.15）	（1.27）	（0.88）	（0.81）	（1.53）	（1.94）	（2.53）	（0.91）	（0.34）	（0.07）	（0.17）	（0.28）	（0.51）
WH065	2.63	1.17	2.16	6.97	1.69	1.56	0.70	0.95	0.70	0.75	2.24	1.27	1.13	1.17	0.73	5.48	1.32	32.96	10.35
	（1.58）	（2.60）	（1.17）	（0.70）	（1.81）	（3.55）	（2.90）	（0.01）	（0.82）	（1.55）	（0.26）	（0.64）	（0.01）	（0.14）	（0.70）	（0.06）	（0.39）	（0.25）	（0.31）
WH066	2.98	1.20	2.40	8.01	1.94	1.77	0.77	1.03	0.71	0.80	2.46	1.39	1.20	1.32	0.80	6.47	1.61	37.22	10.68
	（1.26）	（1.74）	（2.71）	（0.71）	（2.06）	（2.88）	（0.75）	（0.56）	（1.41）	（1.25）	（0.23）	（0.52）	（0.48）	（1.01）	（0.93）	（0.12）	（0.47）	（0.49）	（0.30）
WH067	2.73	1.26	2.24	7.45	1.80	1.68	0.74	0.96	0.61	0.80	2.32	1.30	1.18	1.43	0.79	5.76	1.67	35.04	7.21
	（1.46）	（0.46）	（1.30）	（0.95）	（0.32）	（2.46）	（6.28）	（0.60）	（1.64）	（1.27）	（0.01）	（0.90）	（0.49）	（1.67）	（0.74）	（0.11）	（0.35）	（0.25）	（0.18）
WH071	3.17	1.04	2.18	7.72	1.83	1.68	0.74	0.98	0.65	0.81	2.33	1.28	1.18	1.27	0.79	5.99	1.55	35.53	9.31
	（0.31）	（2.01）	（1.22）	（0.84）	（2.22）	（3.33）	（1.55）	（0.59）	（0.01）	（0.01）	（0.25）	（0.92）	（0.49）	（0.29）	（1.69）	（0.14）	（0.87）	（0.21）	（0.25）
WH110	2.80	0.91	1.99	7.09	1.68	1.54	0.68	0.92	0.70	0.70	2.07	1.10	1.04	1.02	0.68	5.34	1.48	32.06	9.58
	（3.21）	（4.51）	（1.80）	（0.36）	（1.48）	（1.12）	（3.03）	（0.63）	（0.83）	（1.43）	（0.28）	（2.32）	（1.11）	（0.77）	（1.81）	（0.32）	（0.81）	（0.48）	（0.56）
WH117	3.40	1.13	2.36	8.29	2.03	1.84	0.76	1.08	0.72	0.87	2.54	1.40	1.28	1.45	0.86	6.45	1.60	38.41	10.26
	（1.55）	（0.89）	（3.81）	（0.79）	（1.98）	（1.37）	（0.76）	（0.54）	（0.01）	（0.67）	（0.23）	（1.04）	（0.45）	（0.82）	（1.08）	（0.17）	（1.03）	（0.54）	（0.25）
WH152	2.57	0.88	1.75	6.22	1.40	1.39	0.60	0.88	0.58	0.70	1.94	1.07	0.98	1.11	0.62	4.69	1.36	29.02	10.23
	（0.59）	（1.77）	（1.44）	（1.13）	（1.43）	（4.28）	（5.59）	（0.66）	（0.01）	（0.01）	（0.30）	（3.86）	（0.01）	（0.93）	（0.93）	（0.19）	（0.43）	（0.32）	（0.25）
WH162	2.81	0.90	1.92	7.00	1.53	1.45	0.66	0.82	0.57	0.67	2.01	1.16	1.04	1.22	0.72	5.44	1.49	31.71	11.47
	（0.94）	（2.81）	（1.05）	（1.01）	（2.94）	（2.76）	（1.77）	（1.22）	（1.01）	（1.69）	（0.29）	（1.51）	（0.55）	（0.42）	（0.88）	（0.14）	（0.42）	（0.48）	（0.64）

附　　图

附图 1　红松天然林

附图 2　红松优质大材培育

附图 3　红松无性系种子园

附图 4　雌球花

附图 5　雄球花

附图 6　红松结实球果